在不完美的人生里活得更精彩

Live a better
life in
imperfect life

麦左……著

MAIZUO
WORKS

中国出版集团 现代出版社

图书在版编目（CIP）数据

在不完美的人生里活得更精彩 / 麦左著. —北京：现代出版社，2017.4

ISBN 978-7-5143-5869-8

Ⅰ. ①在… Ⅱ. ①麦… Ⅲ. ①女性—成功心理—通俗读物 Ⅳ. ①B848.4-49

中国版本图书馆CIP数据核字（2017）第043394号

著　　者	麦　左
责任编辑	杨学庆
出版发行	现代出版社
通讯地址	北京市安定门外安华里504号
邮政编码	100011
电　　话	010-64267325　64245264（传真）
网　　址	www.1980xd.com
电子邮箱	xiandai@cnpitc.com.cn
印　　刷	三河市金泰源印务有限公司
开　　本	880mm×1230mm　1/32
印　　张	8
版次印次	2017年4月第1版　2021年1月第2次印刷
标准书号	ISBN 978-7-5143-5869-8
定　　价	43.00元

目录

Live a better
life in
imperfect life

目录

01 不要让爱成为互相伤害

02

做好自己，才能真正被尊重

目 录

03

不以物喜，不以己悲

04

学会自律，人生自己掌握

Live a better
life in
imperfect life

01

不要让爱成为互相伤害

Live a better
life in
imperfect life

低质量的恋爱，不如高质量的独处

Live a better
life in
imperfect life

朋友失恋了，大半夜打来电话找我诉苦。

我忍着睡意听她说完，说到最后，她用百年不变的一句话结尾：“以后找男人一定要擦亮眼睛。”

虽然我不好直接反驳，但仍忍不住问她：“你这一次为什么没有擦亮眼睛呢？”

朋友的回答不出所料：“他对我好呀，刚开始追我的时候，天天接送我上下班，还风雨无阻地送花，是个女人都会心动呀。”

我听了不以为然：“那你一开始喜欢他吗？”

朋友在电话里犹豫了一下，声音顿时变得有了底气：“当然不喜欢，刚认识他的时候他穷得叮当响，每天下班就知道打游戏，不爱洗澡，内裤袜子半个月才换一回……”

朋友似乎找回了自信，觉得跟这种人分手也好，虽然是被甩了，但也是一件值得庆幸的事。这样一个邋遢的男人，根本配不上她这种对生活凡事讲究，喝下午茶一定要选五星级酒店的小资女。

就算差距再大，他们还是恋爱了。

朋友在一家外企上班，朝九晚五，生活圈子与这个男生完全不同。同事之间不是比拼裙子包包，就是每天讨论下班去哪一家餐厅吃饭，周末看一场新上映的电影是生活必需品。

然而朋友的这位前任，是一家小公司的销售员，纯屌丝，月收入不够给朋友买一个包。

朋友说之所以会接纳他，完全是因为他穷追不舍以及她实在拒绝不了的好。

朋友并不是第一次，仅因为一个人对她好而开始一段恋爱。

男生追她的时候，她刚结束上一段恋情，是与一家企业的老总，不过这段感情仅持续了一个月的时间。

老总男友与朋友交往时，完全像一段地下情，出门吃饭捂得比明星还要严实，很害怕熟人碰到。

但老总男友出手阔绰，带朋友去香港玩，花掉的钱是朋友几年的收入。她拿着几万块的包包在我面前炫耀说："就算这场恋爱你们再怎么不看好，但至少我可以比你们谁都过得好。"

没想到一个月后，老总男友却以两人性格不合适提出分手，还给了朋友一张卡当分手费。从始至终，朋友在这段恋情里都没有任何话语权。

我清楚地记得，朋友分手后对我哭诉："有钱的男人都靠不住，还是找个老实的，哪怕没有钱，只要对我好就行。"

然而，当她真的找了一个这样的男人之后，一切却未遂她意。她的诸多挑剔和不满，终于让这个男的受不了，离她而去。

事后，我很真诚地对她说："任何人都不会完美无缺，你若想有一段完美恋情，自己也应该改变一下想法。"

在开启一段恋爱之前，我们本就要有一个明确的目的。你爱的是这个人，就不要只看得到他的缺点；你爱他的钱，就不要挑剔他对你没有感情。

朋友听后嗤之以鼻："你知道什么，女人若婚前不找到一个适合的，结婚以后生活怎么可能会幸福。"

很多扛着所谓爱情的大旗去找安全感的女孩，不是撞到了老男人的钱，就是在失足后被屌丝钻了空子。而在这一场东奔西走的背后，却从没想过自我提升，提高男人求爱的门槛。

对女人来说，低质量的恋爱，真的不如高质量的独处。

在感情上，我的闺密就理性得多。

闺密是个典型的女强人，然而她并非强势到让男人退避三舍的那种，相反地，她的追求者众多。

闺密今年二十八岁，周围的人都很好奇她为何不谈恋爱。她云淡风轻地回答："我还没找到适合的人。"

有人说闺密太傲娇，总有一天人老珠黄哭都来不及。

然而闺密活得比谁都精彩自在。想去旅行的时候，头天晚上告诉我去哪儿，第二天就飞了。看到几万块的包包，自己刷卡买得心安理得，偶尔还会带着家人去爬山和旅行。

不过，也有人说酸话："自己一个人活得再精彩，冬天连个暖被窝的人都没有，还是没意思。"

可闺密说："如果找个男朋友只是为了暖被窝的话，那还不如买一床电热毯。"

身边不少人劝她找个男朋友恋爱，哪怕先相处着，合适就发展，不合适就分手，谁也不耽误谁。闺密不为所动，谈恋爱可以，但绝不将就。

古人云："人择明君而臣，鸟择良木而栖。"

选择爱情就等同于选择生活。恋爱的质量，直接决定你生活的质量。

很多人不知道何谓低质量的恋爱，并且很笃定地认为，自己每一场恋爱都付出了百分百的真心，别人凭什么要来否定自己的付出呢。

这样的想法太可悲了。

假如付出的程度就等同于恋爱质量的高低，那这世上就不会有这么多情侣最后以分手告终了。很多人正是因为每一场恋爱都不计后果与得失，导致恋爱的频率越来越高，质量却越来越低。

即使是在快节奏的都市生活中，也应该偶尔停下脚步认真思考，你想要的人生究竟是怎样的。那种在人海中一回眸就认准对方的“一见钟情”式爱情，大多只是一种错觉，你认真就输了。

现代人恋爱的理由千奇百怪。一个人孤单无聊；希望看电影的时候有个人陪；朋友圈里满屏的秀恩爱受不了刺激……这样的恋爱借口都是极其不负责并且可悲的。甚至还有一些直接略过了恋爱的过程，轻率地择定相伴一生的人，这样的婚姻生活如何不令人担忧。

也许有人会说，何必执着，恋爱十几年分手的人也比比皆是。

我认为，恋爱的过程不是享受短暂的浪漫，而是两个人彼此欣赏彼此磨合的过程。从交往中慢慢发现对方的优缺点，找到共同的兴趣与爱好，建立以长期共同生活为主要目的的默契。

相信许多未婚或者还未谈恋爱的女生，都多少听到过一些这样的“教诲”：不管你找什么样的男人，最重要的是一定要找个有钱的，不然你结婚以后一定会过得很惨。

这样的“教诲”是否可信且不说，却实实在在地左右了很多人选择爱情的标准，也因此导致许多低质量的爱情出现。

某大型相亲电视节目热播以来，受到许多网友褒贬不一的评论。一群只有二十出头甚至还没毕业的女生，各个打扮得光鲜靓丽以待价而沽的姿态站在舞台上，以比检验出口产品还犀利的眼光打量在场的每一位男嘉宾。

个别人在短短几分钟的时间，就单刀直入地询问对方有几套房，月收入多少。遇到“满意”的嘉宾会大胆示爱，主动争取，对“不满意”的会毫不留情地灭灯。单纯以金钱来衡量一个人是否能成为自己的理想对象，这样的恋爱质量能有多高？

在爱情里，永远要把自己与对方放在平等的位置。他为你付出多少，你理应有所回报，依附他人而活的人生永远得不到尊重。

想要拥有高质量的爱情，必须要有相似的价值观、生活态度以及人生信念。

先树立正确的恋爱观念，才能拒绝低质量的恋爱。

希望每个还没遇到爱情的女孩，单身时也能活得幸福满满，存在感爆棚。

用逛淘宝的时间学学外语，用发呆空虚买买买的时间静下心来读几本好书，看几场好电影。

认真工作，在专业能力和职业生涯上有所精进。

持续学习，永远跟得上时代的节奏。

有足够的积蓄去旅行放松，唤醒自己的灵感和激情。

不管爱一个人，还是爱自己，都是需要实力的。一个人的时候，应该努力积攒这种实力。

不手心朝上向男人要钱，不用房子和车子去权衡一个男人靠不靠谱。你有的，本姑娘都有，跟我讲话的时候，请彼此尊重。

这是一个女人存在，并且有尊严地活下去的底气所在。

最好的爱情，是能和你一起成长

Live a better life in imperfect life

敏是一家公司的销售经理，虽条件优秀，但她为人刻板严谨，异性缘差得出奇。

她与老公刚相识的时候，对其诸多挑剔，各种差评。比如，一群人出去吃饭，只有她老公一个人将所剩的饭菜都打了包。

我们安慰她：“这样的男人才会过日子，现在的男人都好面子，这种勤俭持家的不多了。”

敏充满了不屑：“持家有什么用，懂得享受生活才是真理。”

当我们都以为，敏绝对不会看上这样的男人时，他们却相恋了。

恋爱后，在男友朴实、包容的个性影响下，敏变得很温和，以前那个在职场上巾帼不让须眉的女汉子难得地拥有了小女人的姿态。在工作上也不再过分苛责员工，摇身一变成了一副好领导好上司的模样。出去吃饭，也不再为餐厅里牛排煎的火候少了几分而抱怨个不停。

现在一提到她老公，敏就一脸崇拜和感激。脱掉高傲的姿态，敏变得柔软平静，人缘也好了很多。

她说这一切都要归功于自己老公潜移默化的影响。

相对于爱情来讲，并不是所有的女生都有敏这般的好运气。

刚毕业那会儿，我在外面租房子。对面住着一对情侣，女生是一家专卖店的副店长，能力很强。男生无业在家，却常满口大话，一会儿说自己投资了多大的项目，一会儿又要开公司创业。

当时与我同住的女生瘪着嘴摇头："这女的要是不分手，婚后的生活会很惨啊。"

可我不这样想，因为当时女生再过半年就会升店长，薪水会翻倍。

然而不久之后，女生意外怀孕，于是两人开始谈婚论嫁，在辞职养胎还是继续上班的意见上，俩人出现了分歧。一开始女生很坚决，不辞职，继续上班，因为公司有产假，要是辞了职，生完孩子之后再出来找工作会比现在难一百倍。但男生一定要她辞职回家。我和同住的女生偷偷劝她，千万不能辞职。最后的结果令我们很吃惊，女生听从了男生的话，回家养胎。

我们虽然感到可惜，却还是希望她的决定是正确的。陪她选婚纱的时候，忍不住问她："你为什么要辞职呢，如果做到店长的职位，你的生活会跟现在完全不一样的。"

女生有些犹豫，看得出来她在作决定前挣扎很久，她说："他叫我不要那么拼，说女生再拼也没用，而且我们现在有了宝宝，以后他会更努力地赚钱养家，让我好好把家里照顾好。"

我看着她露出对未来生活的向往，虽然预感他们今后的生活不一定会如她所愿，但也只能笑着对她说："那祝你幸福。"

办完婚礼后他们便搬走了，我们也很少再联系。后来有一次在街上碰到，不到三十岁的她有些发福，穿着廉价宽松的裙子，看起来比实际年龄老了几岁，而且眼神黯淡，没了以前的活力与神采。

她没有认出我来，我也没好去打招呼。她从我身边走过时，我还是忍不住对身边的闺密说："刚才那个女生我认识，从前的她很漂亮。"

闺密惊讶："那你怎么不打招呼？"

“没必要，她应该也不愿意让我看到她此刻的样子。”我叹了口气说。

记得当年这个女生到我们房间来玩的时候，她说起自己当初是如何努力做到副店长的位置，眉眼之间充满了对未来的激情和向往。

然而，她选择的爱情，不仅没能让她变得更好，反而让低品质的爱情生活拉扯得丢失了自我。这并不是我们所认为的“岁月静好，现世安稳”，而是一种妥协，一种将就。

这也是为什么我们会经常看到，一些女性结婚之后不过一年时间，就已经变得灰头土脸，往黄脸婆的方向迈进。

很多女生原本对生活充满激情和向往，对未来有着明确的规划。可一旦恋爱之后，便失去了那份拼劲，斗志也消失殆尽。

如有幸遇得良人，婚后相夫教子，夫妻同心共同经营美好未来，当然是人生一大幸事。然而这世间，并没有那么多如你所愿的爱情。

也许你会觉得这是一种消极的劝说，爱情真的就只有这样吗？当然，爱情有很多种，可能与你一起成长的爱情却很少。

并非每个人都能找到一位有能力使你实现理想生活的优质伴侣，但遇到一个可与你相互扶持共同进退的人未尝不是一种幸运。爱情的力量是不可小觑的，它将决定你的梦想是否得以实现，未来是否可以成功。

好的伴侣让我们的人生如获至宝。作为伴侣，他不仅是生活中相依相伴的那个人，更重要的是他会引领着你走向正确的道路，从言谈举止到为人处世，再到事业前途，在朝夕相处之间会对你起到潜移默化的影响。

在遇到爱情时，最好先冷静并且理智地了解对方的人品，确认他是否是值得托付终身的人。这种托付不是金钱或者优裕的生活之类肤浅的表面，而是能否使你具有正确的人生决断力与独当一面的能力，成长为一个更好的人。

很多人会拿感情当借口，因为恋爱了所以没有时间看书旅行，因为要约会所以要逃课翘班……诸此种种，开始背离充实内涵、提高能力的道路，直至将最好的岁月消耗在琐碎的家务和日复一日的借口中。

如此爱情，后果不堪。

最好的爱情不是攀附权贵，但也绝不是降低自己的生活品质。最好的爱情是，你们可以一起努力，在对的时光里成为更好的自己。

不畏贫穷，不畏平凡，一起成长，这才是真正好的爱情。

把前任
熬成一碗“鸡汤”

Live a better life in imperfect life

提到前任，有百分之八十以上的女生称早已不联系，剩下的百分之二十通常以陌路相待。

分手结局也无非就两种，一种是被爱情抛弃时，哭哭啼啼地挽留，每天自哀自叹，把自己活成了林黛玉；另一种是分手前柔柔弱弱风吹一下就倒的，分手后就跟打了鸡血似的，硬生生把自己逼成一个女强人。

不管是哪一种，我都不看好。

在爱情面前，女人不该为了前任而把自己的余生都放在“要活给他看上”。

上个月参加一个朋友的婚礼，她老公重金打造了一场梦幻婚礼，足以让在场的所有女人都羡慕。

谁能想到在不久前，她才刚结束了一场长达十年的爱情长跑。

一个刚分手的三十岁女人，没房没车，事业刚有起色，被相依相伴多年的男友抛弃。很多人等着看好戏，看她如何一哭二闹三上吊。

可她偏偏没多久就找到了老公，还是一个海归，回国后自己创业，现在已经是小有成就。那些吃瓜群众跷着二郎腿摆好堂会等着围观看好戏，不料扑了个空，也只有嫉妒的份儿。

得知她分手后，第一时间打电话去安慰她，可她却在电影院看喜剧片，乐呵呵的跟个没事人似的。

“你是真的没事还是自己憋着，你要想哭就找我，我绝对会无私奉献我的肩膀。”我有些自作多情地说，以为她心再宽，也得有个两三天的缓和期。

朋友却说：“我没事啊，你别想太多，分个手而已，何况我们是和平分手。”

朋友说，他们从在一起开始就有很多人说她男朋友吃亏，甚至连朋友自己都这样觉得。对方家境很好，为人绅士；而朋友是普通的家庭，平时只顾埋头工作，对精神世界从未关注。

她知道自己与他的差距有多大。这不仅仅是物质上的，而是一种从内到外的修养。她觉得自己就算是满身名牌，也会被一眼看穿是个没内涵的暴发户。

那种差距，让她感到自卑。

“他并未嫌弃我，教我待人处世，推荐给我好书、好听的音乐，带我去看画展，认识有品位的朋友，等等。这 10 年里，他早已给了我太多，所以现在分手，赚的是我，为何还要感到可惜。”朋友如是说。

也因此，朋友才能有机会认识现在的老公，才能让自己真正配得上更优秀的人。

前任并不总是敌对的存在，他早已在你的生命里或多或少影响了你，你的思想、你的生活习惯，甚至你对未来的选择，都有他的影子。

我们每个人内心都很清楚，面对前任，面对一个过去时，应该采取怎样的态度。虽然我们表面上平静释然，或独立倔强，不沉湎于往事，但在我们最无助最悲伤的时刻，回忆总是不知不觉被我们用来取暖，不是吗？

前两天去表妹家里玩。

表妹毕业后就从家里搬了出来，独自在外租房。

以前我也去过几次，被她房间里乱到下不了脚的场面吓到。

为此，我还苦口婆心地劝她要学会整理家务，家里干净一点住着也舒服。然而表妹却不以为然，她认为，现在的女生只要找个老公来伺候自己就好了，根本不需要自己动手。

表妹说得头头是道，说她的几个结了婚的朋友，家里都是老公收拾，小日子照样过得好好的。我无言以对。

这次去表妹家，着实让我惊讶。

家里整理得很干净，沙发和窗帘都换了颜色，温馨许多，阳台上还种着花，书架上摆着一排以前不爱看的文艺书。朋友们坐在客厅里聊天，表妹独自在厨房做菜。

表妹活了二十几年，我还从来没见她下过厨房。

那顿饭让所有人都大为惊叹，不仅摆盘精致漂亮，还色香味俱全。

表妹的变化实在太大，众人都追问她是不是恋爱了。

表妹说："我现在是失恋了好不好，所以才叫你们来陪我的呀。"

原来表妹的前任是个喜欢钻研厨艺、讲究生活品质的文艺男青年。在两人的相处中，他潜移默化地让一个女汉子不知不觉变成一个内外兼修厨艺精进的淑女。

虽然因为各种原因俩人走不到最后，但表妹在他身上学到的却足以让她脱胎换骨。

所以你看，前任还真的并非一无是处。

饮食男女，很难躲得过前任这个话题。

对于前任，不管是爱，是恨，抑或是遗憾，都不应该一味钻牛角尖。我见过不少女生，原本豁达开朗，工作能力超强，却因为一次失恋从此一蹶不振。

这样爱的代价，实在太惨重。用余生作为爱的赌注，是否真的值得?

每次看到二十来岁的姑娘，因为前任的背叛让自己过得跟怨妇似的，分手后数落前任的各种不是，终日流连酒吧买醉，质疑爱情怀疑人生，我都忍不住想问，这样又是何必?

旁观者要问了:“既然那么不好，当初在一起的时候为什么又夸得天上有地上无的？”

再者，你的前任如果真的这么不堪，那分手了你不应该举杯庆祝吗？每天念叨着不是给自己的人生添堵吗?

这些用来抱怨的时间不如拿来修养身心。你还那么年轻，这么折磨自己是干吗?

有人会说，既然是自己真心爱过的人，分手后缅怀一下美好的过去有错吗?

缅怀当然可以，但要适可而止!

可惜的是，很多人并没有明白什么叫适可而止。在我们的周围不乏一些女生，她们会关注分了手好几年的前男友如今娶了谁，会念叨着如果当初没和初恋分手，如今会不会是另一番模样。明明都已经过去那么久了，为什么就不选择放下呢？

谁没有被失恋伤过？生活中不是也有不少为爱痴狂的女生吗。但是，她们在离开前任后，不但没有自怜自哀一蹶不振，反而在事业和生活上把自己活出了另一番精彩。

或许再多的励志故事，也不能让某些爱钻牛角尖的姑娘从失恋的阴影中走出来，一定要一哭二闹三上吊，演完所有的苦情戏之后才肯罢休。旁观者就算再同情，也只能摇头叹息。

亲爱的姑娘，不管你们为何分手，好聚好散始终是最好的结局。

与其让失恋成为无法化解的毒药，不如，把前任熬成一碗“鸡汤”，化悲愤为力量，化悲伤为营养，那样，才不枉费轰轰烈烈爱过一场。

少女心，是一种能力

Live a better life in imperfect life

提到少女心，很多人都以为就是装得了嫩，卖得了萌。然而我以为，少女心是一种能力，不是人人都能拥有的。

闺密阿唐前两天过生日，邀请一大堆朋友前去聚会。我们到场后发现，她身着一袭漂亮的粉色长裙，语笑嫣然，光彩照人，俨然是整个派对最漂亮的公主。

如今三十岁的她，依旧单身，皮肤保持得白皙光滑，每次见她都是十八岁的样子。

阿唐在公关公司上班，每天需要应付许多头痛的事情。可每次与我们聊天，都是乐呵呵的，说到最近手上发愁的案子时，竟还能 get 到其中的笑点。她时常用玩笑的语气说：“你们知道吗，这件事情竟然是因为这个引起的，你们说好笑不好笑。”

在外人看来天大的事情，一到她嘴里都能变成一件好玩的事，到她手里的工作几乎都能被轻松搞定。

其中当然有不为人知的难处，只是她更愿意乐观对待罢了。

阿唐天生一副少女相，最爱的打扮，是梳一个随意的丸子头，戴大大的黑框眼镜，穿一件白衬衣，总被误认成刚毕业的实习生。任谁也想不到这是个工作了好几年，已是公司总监的人。

她还特别喜欢那些漂亮的小饰物，每次去逛街都能搜罗一大堆回家。一些在我们看来十分幼稚的小玩物，她却视若珍宝，将它们放在自己价值上万的首饰当中。

我想，这大概就是拥有少女心的人才会有的魅力吧。有能量也有能力让自己的生活充满童话般的色彩。

阿唐单身多年，作为朋友，我们都替她着急，她却悠然地享受着自己的单身生活。阿唐把爱情看得很神圣。她觉得，没有爱情，绝对不能轻易谈恋爱。虽然每次提到她相恋七八年却最终分手的前男友时，阿唐都一副遗憾的样子：“唉，当初他怎么就忍心弃我而去呢？”

两人当初分手是因为前男友劈腿，当时阿唐哭了好几天，我俩见面时，她却已俨然一个没事人儿。我本以为她是把伤痛藏在了心里，怕她从此有阴影，然而她告诉我，她丝毫没有因为这次失恋而怀疑爱情，依然对爱情充满了憧憬与期待，她相信对的人一定在未来等待自己。

她期待爱情，却从不急迫，因为没有爱情，她照样能活得精彩自如。

她最爱动漫，几乎每天都会抽时间看一两集，工作完成得顺利，就奖励自己多看两集。在我们看来，她总能把幼稚演绎成美好，少女心爆棚的样子真是令人羡慕嫉妒恨。

我曾以为，女生到了一定年龄，就该有那个年龄该有的样子。然而三十岁的阿唐，不仅未婚单身，还一身浑然天成的少女感，我不得不心悦诚服。

她的正能量，她的努力和阳光，积极乐观，时刻都在感染身边的人。买得起昂贵高雅的，却也欣赏得来平价稚气的，她和我们之间，最大的差别就是一颗如假包换的少女心。

当然也有人不认同她的生活方式。比如她身边就有一个同事，总对她冷嘲热讽，并不怀好意地提醒："你都三十了，再不结婚，以后怎么办？"

阿唐听到会一笑了之，完全不计较。

阿唐的这个同事，跟阿唐一起进的公司。因为都是新人，刚开始，两人走得很近。可是时间一久，阿唐就明白她们不是一个世界的人。

这个女生在大学时就谈了一个男朋友，原本计划着毕业就结婚，可毕业后男方突然变卦，说应该趁着年轻多努力一下。女生郁郁寡欢，每天上班都会拉着阿唐聊她男朋友的事情，甚至会聊到十分私密的话题。好几次阿唐都拿工作打断她，可她一点眼力见儿都没有，工作一做完，立马缠着阿唐诉苦。

后来，阿唐有意识地渐渐远离她。她却以为，阿唐没心没肺根本不懂得男女之爱，于是又换了别人去说。两三年后，阿唐已经升了职，成了她的上司，而她还是一个小小的职员，甚至开始嫉妒起阿唐。

阿唐见她可怜，有一次很真诚地对她说："其实你只要把那些鸡毛蒜皮的小事放一放，稍微用点心思在工作上，你也许会比我做得更好。"

然而这话，却被她看作是阿唐的挑衅，丝毫没有听进去。几年后，两人的差距就更大了，阿唐升了总监。她结了婚生了孩子，皮肤变差，身材走样，自己老公又染上了赌瘾，她就更加无心工作，整天家长里短。曾经那个朝气蓬勃的年轻姑娘，已经变得与黄脸婆无差。

什么样的人才有能力维持一颗少女心？当然是永远向往更美好的生活。你嘲笑别人三四十岁还单身，却不知道她可以毫无障碍地跟"90 后""00 后"们聊天，而你却连自己枕边人在想什么都不知道。

拥有少女心的人，她们在不断学习，接受世界的变化，勇于尝试新事物。爱美是一个少女最基本的常态，虽说女人爱美不分年龄，可你一旦结了婚就没心思再浓妆淡抹，连一件时尚漂亮的衣服也舍不得买给自己。大概也只能成为少女的妈了……

拥有少女心的人，永远舍得投资自己，因为她们有这样的条件和实力，更有你所无法可比的见识和眼光。

你也许并不是输在外表上，也不是输在财力上，而是输在一种生活态度上。有的人，愿意倾其所有让自己过得舒心，每天花耐心去打理花花草草，读喜欢的书，认识志同道合的朋友。而你一有空就躺在沙发上看电视偷懒，像小新妈妈一样身材走样，被孩子嫌弃却不愿意花时间减肥，更不愿意了解新鲜资讯，完全脱离了时代的节奏和步伐。

见过六十岁的赵雅芝，人们知道什么样的女人叫优雅；见过五十岁的刘嘉玲，人们知道了什么样的女人叫气场强大；而最近看了七十一岁的潘迎紫拍写真，人们才见识了什么叫永远的少女。

拥有少女心的人似乎永远不服老，她们哪怕到了七十岁也依然爱漂亮，永远让自己美美的。是她们让我们知道，这个世界上没有什么是女人做不到的，重要的是你的心态和能力。

如果你平时连面膜都懒得敷，任由身体变胖走样，结完婚生完孩子就开始过起退休老太太的生活，你的少女心当然会慢慢衰老，你的魅力当然会慢慢减退，你天生拥有的美好都会慢慢消失。总有一天你会发现自己成了浑浑噩噩的一员，却无力自救。

有人说，少女心就是永远憧憬美好，也有人说少女心就是永远相信爱情，还有人说，少女心首先要有足够的财力去实现自己的愿望。而想要拥有这样的能力，首先不能自我懈怠，要保持学习的积极性，不能放弃对美好事物的追求。

愿每个向往美好的姑娘，都能拥有一颗少女心，并且拥有与之相匹配的能力。

有一种恩爱
是无须炫耀

Live a better
life in
imperfect life

朋友圈火了之后，很多人开始爱上“晒”生活。

所谓“晒”生活，不仅可以抒情感叹人生，还可以花样秀恩爱。

刚结婚时，许多人都问我：“怎么从来不见你发老公的照片，结婚了连婚纱照都不放在网上给我们看看。”

我总是很委婉地告诉他们：“我不习惯那样。”

不久之后，便有一些人旁敲侧击地问我：“你是不是跟老公感情不好，所以才连一张合照都不放出来？”

我听后觉得很无奈，曾几何时“秀恩爱”已经悄然介入我们的生活，像许多人每天都要喝杯牛奶才能睡觉一般，成为日常习惯。

但这种“秀恩爱”的模式真的就能赢得好评吗？

我有一个朋友阿颖也特别喜欢拍照和晒照片，朋友圈里几乎每天都会按时按点地报备自己的生活，包括和她老公的点点滴滴。

一开始我们还很是羡慕地以为，她真的好幸福，竟然嫁了个如此完美的老公。阿颖的老公是理科生，平时为人木讷，而阿颖个性开朗，两个看似完全不相配的人却走到了一起，日子还过得这么美，也是难得。

后来却发现，其实不尽然。

有一回我们聚餐，阿颖的老公也来了。饭桌上，我们一番调侃，纷纷向这两人取经究竟是怎么做到如此恩爱的。

我注意到，在我们开玩笑的时候，阿颖的老公脸色明显有些异样。但阿颖很快夺过话语权，开始给我们传授经验。

直到吃完饭，她的老公都没怎么说过话，也很少参与我们的玩笑话题。我当时还跟朋友打趣说："阿颖真是调教得好，老公什么都听她的。"

结果朋友只是笑笑，待到席散了才说出真相。原来并非阿颖的老公不爱说话，而是在外边阿颖根本不让他说话，原因是怕他说错了，把平日里阿颖好不容易建立出来的恩爱幻像打破。

我有些意外，问朋友是如何得知。

朋友说："我老公就是阿颖老公的同事啊，他们俩还是我给介绍认识的。虽然平时阿颖表面上总说她老公这里好，那里好的，私底下不知道数落过他多少次。她也不过是为了面子，当初她根本没看上她老公，嫌他收入少，人太老实又赚不来外快，但又不想让别人知道她嫁了一个没出息的男人，所以才在外人面前装出一副恩爱的样子。每次她跟她老公吵架，她老公都跟几个关系好的同事诉苦。其实他也是因为年龄大了才找的阿颖，现在两个人都是得过且过的心态。”

把自己不够圆满的生活粉饰一新地四处炫耀，这已然是一种悲哀。内心不幸福，却又要假装自己很幸福，我无法想象这样的两个人未来该怎么走下去。

作为朋友，事后我婉转地问阿颖：“你现在真的过得幸福吗？”

阿颖很不以为然：“什么是幸福？现在这个社会，有几个人敢说自己是真正幸福的。”

我没有意料她会这样回答，也许她很清楚自己现在的生活状态，认为自己就算假装幸福也不过是顺应时代，所以也不会考虑今后的生活何去何从。我本还想劝她，但听她这语气根本听不进别人的劝说，于是只好作罢。

所以说，很多人的“恩爱”也许都是一种假象，真正恩爱的人也许都懒得对别人炫耀。

从小到大一起玩的朋友萧萧，相貌普通，但很会打扮自己，气质也很好。她的老公算得上社会精英，很多人都认为是萧萧运气好，才能遇到这样的优质好男人。

对此，萧萧从来不回应。

萧萧婚后生活十分低调，从不炫耀，也很少在我们面前提及他们的生活点滴。也有八卦的人好奇地问她：“萧萧，你结婚后怎么不带老公一起出来，是不是他没空陪你呀。”

这样酸酸的提问，显然是盼着坐实萧萧跟她老公之间的关系的确有问题。萧萧的回答从来都是“他喜欢安静，所以就不带他出来了”。

旁边又有声音响起：“那看来你们性格很不同吧，平时会不会很容易吵架？”

她依旧不恼：“我们不会吵架。”

事实上，萧萧和她老公有着令人羡慕的相处之道。她老公工作繁忙，经常出差，但他不管在哪里，有多累，都会每晚给萧萧打电话道晚安。萧萧以为他是在给自己报备行程，便让他不必每晚都打电话。她老公却说：“我只是想让你知道我很平安。”

这个习惯两个人一直保持到现在，多年不变。

这让我想起一个名人讲起自己的老公：“我每天不管多晚回来，只要我一上床，他就能感觉到，尽管闭着眼睛，却依然用手四处摸索，直到抓到我的手，然后拍拍我的手继续睡觉。”

有的夫妻每天都会为一点小事争吵，但不管怎样吵，他们却从来不会提“分手”，相反，他们比任何一个人都要珍惜彼此。有的夫妻平日里相敬如宾，丈夫难得有空做顿烧糊了的饭菜，老婆都要发到网上去秀恩爱，焉知这样的两个人只要一争吵起来，随时随地提“分手”。

恩爱是一种会随着时间发酵的情感，它是陈酿，越久越香。懂得把握爱情分寸的女生从来不会在别人面前秀恩爱。

相伴的道路还很长，珍惜相处的每个瞬间，永远对爱情保持敏锐的触觉。不要把精力放在四处传播你的爱情故事上，爱得久，自然会有人帮你传播。那些热衷于场面上秀恩爱的，往往都是最缺乏恩爱，内心空虚，只好自己杜撰爱情的人。

这样的人生，实在可悲。

恩爱是感觉，风雨相伴，才能一起走完大半辈子的路。

爱是他知道你手脚冰冷，冬天总是会提前开好电热毯，让你可以热热乎乎睡个好觉；爱是有一天，亲人不在了，他会拉着你的手说“别怕，有我在呢”。

恩爱既不是炫耀，也不是一种靠他人的羡慕而获得的成就感。爱情想要长久保鲜，靠的从来不是添油加醋自我催眠，爱情本是如人饮水，冷暖自知。鞋合不合脚，只有自己最清楚。

不要再炫耀你的爱情，因为每一个人都知道，真正被爱滋润的人，或许根本没有时间来展示自己的爱情。

给自己的爱情留一点隐私，那是只属于你和爱人的小幸福，不必与人分享，也不必炫耀。

致备胎：请放手，去过配得上你的生活

Live a better life in imperfect life

“宁可高傲地发霉，也不卑微地恋爱”。这句话不知何时成为许多人恋爱的座右铭。

但也有一些人以为，默默地付出，无名地守候是一种伟大的恋爱主义精神，殊不知自己早已沦为备胎。

张爱玲说：“喜欢一个人，会卑微到尘埃里，然后开出花来。”

然而很多尘埃无法开花，只长杂草。

大学时有个女生，成绩很好，人也漂亮，她喜欢上一个成绩很差，长相帅气的男生。大家得知后，鼓励她主动去追。

都说女追男只隔层纱，何况她这么优秀，机会一定很大。她有些心动，终于鼓足勇气红着脸递了一封情书。他接过情书，当着她的面看完情书，很温柔地笑了笑："怎么办，我很感动，可是我现在有女朋友了，你要是早一点告诉我的话，说不定我们还有机会。"

她的心跳得扑通扑通的，听到对方语气中的遗憾，心中的小火苗蹭地烧得更加炽烈。这头她还怔怔地痴望着他的背影，对方却早已离去，在篮球场上跟别人打得火热，那封情书，被扔在了操场的垃圾桶里。

她并没有打算就此放弃，相反，她觉得他对她还是有感觉的，他们只是相遇在错误的时间里。所以从那天起，她就做起了他的备胎。

她这个备胎做得很称职，只要他一个电话，哪怕是感冒发烧，她也会第一时间出现在他身边。不过对方还算有良心，并没有对她做更过分的事，只是偶尔想找个人陪的时候就会打电话给她。她对他永远二十四小时开机。

她不求回报地默默付出着，给他买早餐，帮他请假、写作业，跑腿买水……

身边的同学都认为，这个男生不值得她这样付出，但女生却义无反顾。

有人看不下去了，劝她："人家都这样对你，你怎么还这么鞍前马后的，更何况他还有女朋友？"

她咬着嘴唇显得楚楚可怜："我知道，可我只要能陪在他左右，让他能有一刻注意到我就心满意足了。”

有几次，她也想下定决心不再盲目付出，可只要那个男生一个电话，她又会屁颠屁颠地跑过去。付出这种东西，有时候迷失了心智就变得盲目，甚至有点愚昧。

这备胎一当就是三年。

要好的朋友以为成熟一些她就不会这般执迷，没想到她这备胎竟然从大学当到了毕业后。朋友想骂醒她：“备胎这个职业又没前途，你这么努力干吗？他要真的喜欢你，早就跟你在一起了。你这三年，生个孩子现在都可以打酱油了。”

而另一个女生，大学时暗恋一个学长，只不过结局完全不同。她对这学长很好，对方享受得心安理得，对女生，采取不接受，不拒绝的态度。

女生这样为他付出了一年，终于想明白了，决定为自己的备胎生涯画上句号。有一次这个男生过生日，在生日会上，他当着众人的面亲了她一口，叫了她一声“好妹妹”。女生怒不可遏，一巴掌呼了过去。

她喜欢他喜欢到全校皆知，连校门口的大爷都会问她怎么还没追到他，可他竟然这样当众玩弄她的感情。她用一个巴掌告诉他“我喜欢你，所以坦然地追求你，真心地对待你，你可以不珍惜，但不可以玩弄，现在，你已经不配得到我的喜欢了”。

女生打完后昂首挺胸地决然离去，众人忍不住私下叫好。他们对这女生刮目相看，他们没想到，一个甘之如饴地当备胎当了一年的人会如此拿得起放得下。

这样的魄力，自然值得鼓掌叫好。因为我们身边，实在有太多吊死在一棵树上的傻姑娘。

没几个备胎会真的盼得云开，修成正果。认清了事实就该早做了断，再好的人也不值得你为他守成秦香莲。选择爱谁，是你的自由，但对于爱情，不要大度到不求回报。

爱情再伟大，也不能无名无分。你选择为爱做扑火的飞蛾，却全然不知那个把你当备胎的人正理所应当地享受着你的供养。

这个世界上，再没有谁比备胎更好使唤的了，随便给点希望，就会唯他马首是瞻。

很多备胎，好不容易等到男神失恋，可算注意到了身边唾手可得的你，以为终于守得云开，于是喜滋滋地接受这份爱情。可没过多久即被抛弃，对方深情款款地表达歉意："对不起，我不想耽误你。"真相却是原配回来了备胎被打回原形。这样的把戏，有的能玩好几回合。

你不累，我看着都累，你不心疼自己，我都替你心疼。

备胎真的没有那么伟大，这个世界上也没有谁会为一个备胎立牌坊，所以真的不要那么拼命。

你一点也不差，就是太执着。假如把对男神流口水的时间用来精修一门专业，人生又何愁不精彩。

别说什么“爱情诚可贵”，一个人，总是先有能力爱自己，才有能力去爱别人。再爱一个人也不能爱到忘记自我，你可以为爱倾注所有，但在发现自己陷入谎言的泥沼时一定要及时抽身。

第一次可以当成是少不更事，赔一场青春换来对人性更为透彻的领悟；第二次再有相同的遭遇，只能归结为你本性懦弱。

以身试爱却没有金刚不坏之身，最终的结果只有自哀自怜，谁会关注你内心的悲哀呢。

沦为备胎，不过是爱的博弈中，爱得多一点的你，输给了爱得少一点甚至不爱你的他，然后甘为俘虏罢了。在备胎的世界里，爱情也许是至高无上的，但我只希望你懂得，爱情没了可以再有，你所消耗的青春、时间和尊严却永远找不回来了。

很多姑娘傻傻地守候多年，发现对方依然一副若即若离的态度。那我诚恳建议，放手吧，不要做备胎，去过配得上你的生活。好姑娘不愁嫁，更不愁没人爱。

如果有一天，你真正认清了自己，也不必将时间浪费在后悔与难过上，最好是既往不咎。已经在渣男身上浪费了这么多时间与感情，接下来的时间，你需要做的是努力活得精彩。等到你有了足够的财富和见识之后，回头再看，就会明白那些年当备胎的痛苦与挣扎是多么的微不足道。

做拿得起放得下的女生吧，优雅地转身，学会在不完美的人生里活得精彩。

别拿穷来当借口，真相是他不够爱你

Live a better life in imperfect life

闺密的发小 A 哭着跑来对她说：“怎么办，李强真的跟我分手了。”

闺密一改往日温柔：“分得好啊，这种男人早该分了。”

A 一听不哭了，立马换了义愤填膺的表情：“你怎么这样啊，我知道你看不上李强，但你没有必要这样说啊，真是太没人情味了。”

后来闺密转述给我听，出于道义我自然是认为闺密不该说那样的话。不过闺密虽然嘴不饶人，但绝不是落井下石之人。

“她那个男朋友，除了穷以外还没一点志气，之前说要摆个烧烤摊，A 来找我借钱，我心想这是好事就借了，结果你猜怎么着，那货居然拿去买了一辆车，说是为了过年回老家有面子。”闺密愤愤不平地揭底。

A 的男朋友李强，不仅名字很普通，人也很普通，典型的三无青年。当初他们刚交往的时候，闺密就劝她考虑清楚，因为这样的男人给不了她未来。

A 很不高兴，为此跟闺密赌了一个月的气。

交往不到半年，A 就从家里搬出来跟李强同居了。同居后的生活，李强像变了个人似的，A 完全沦为保姆的角色。

李强家境跟 A 家境差不多，A 跟李强在一起三年，他从没有在情人节送过 A 玫瑰花，也没有给 A 过过一个像样的生日。A 总说李强是爱她的，可闺密问她哪儿爱了，她却说不出来。

李强提出分手后，A 却还苦苦挽留。闺密差点忍不住想抽她两耳光，闺密在我面前愤愤不平地叫道：“这种男人能找到女朋友就算奇迹了，没想到还能找到这么个痴情的女人。”

A 分手后工作都不要了，整天窝在家以泪洗面，她妈没办法又叫闺密去劝。

闺密本来就对她这段感情不看好，自然是劝离不劝合：“你情商不高也就算了，怎么智商还这么低。你跟他在一起三年什么都搭进去了，就差没把你给卖了。你图他什么，三年的感情喂条狗都知道冲你摇尾巴。”

A 还为李强辩护：“我知道你是嫌弃他穷才这么说，他要是有钱，一定不会跟我分手，他就是怕给不了我未来。”

闺密冷笑：“未来？你醒醒吧，就算你再跟他耗十年也未必给你一个未来。你以为他只是因为穷吗，其实他只是不够爱你。”

A张大嘴巴半晌没说出话来，或许她心中比谁都清楚。

前几天在小区楼下碰到邻居阿姨在发喜糖，看到我时也递给我一盒。我道完喜后她热情地拉着我聊家常，原来是她的女儿要结婚了。

之前曾听说她女儿找了个穷小子，穷得连房租都要她女儿出。她气得差点要跟女儿断绝母女关系，难道现在事态有所转变了？

“我女儿好眼光，嫁了个有钱老公，对她又好，比起之前那个穷鬼男朋友不知强多少倍。”阿姨人逢喜事精神爽，忍不住对我娓娓道来。

那个男生毕业三四年，工作换了一份又一份，她女儿一个月赚的钱大部分都倒贴给了这个男生。她女儿多次提出让他找份安稳的工作稳定下来，不要再三心二意，男生却不听，不是挑工作就是挑老板，好不容易遇到他称心如意的，却又嫌弃工作地点太远。

就这样，阿姨的女儿眼看就要到三十大关，为了不被剩下开始着急催他结婚。男生一听结婚连忙摆手说：“现在我拿什么结婚……等我赚到钱，一定风光娶你回家。”

阿姨的女儿终于火了：“老娘都等了你七八年，你真当自己是人民币吗，人人抢着要，你要不想结婚老娘跟别人结去。”

男生也没想到她会有这么大的反应，以前她对他言听计从逆来顺受惯了，他一时没回过神来。等他反应过来，她早就收拾好行李头也不回地走了。

没过多久，她女儿就找了现在的老公，两人是大学同学。当时男生追她的时候她嫌对方是富家子弟，没有文化内涵，硬是要跟着一个穷小子闯天涯。结果发现，富家子弟自己白手起家创业成功，而本以为会有出息的穷小子到头来还是穷小子。

前男友得知她要嫁人，跑到她单位大闹，骂她嫌贫爱富，刚跟他分手就找个有钱人嫁了。她一气之下干脆当面细数这些年男生的所作所为，他顿时没了底气。

男人都擅长画饼充饥，对待感情更是如此。若是盲目听信，天真地等待，你可能会掉进一个永远走不出来的圈套里。

刚毕业的时候谁没穷过，如果不是有爹可拼，大家都得各凭本事，靠双手努力劳作换得真金白银。但有一种男人很奇怪，在工作上稍微遇到不顺心或难以接受的挫折，不是寻找自己的原因而是撂挑子不干。他们丝毫没有对工作的失误感到愧疚和抱歉，反而理直气壮地认为对方故意刁难。

喝酒的时候大话连篇，人前吹牛人后显摆，各种无能却硬生生把自己包装成人生赢家。不知道他们从哪儿来的自信，但就是可以这么堂而皇之地给自己找借口。

但凡想认真生活，脾性良好的女生都不该为其耽误终生。误入歧途还有回旋余地，一旦信错人就是无底深渊，用多少时间都不够交学费。

不过说到底症结还在于很多女生习惯了一厢情愿自欺欺人。其实稍微用心想一想就应该明白，真爱你的男人不会只嘴上说说，他一定会扛起责任，拼出一个未来以回报你的好。如果他一直懒散消沉，说白了，只是因为对你，他没有那么上心，没那么爱罢了。

曾经穷过的名人也有很多，比如最为人所熟知的导演李安。他太太林惠嘉对他的支持和帮助一直备受人们称赞，她换来的也是李安对她从一而终的感恩和尊重。

李安成名后也毫不掩饰对太太的爱意，因为太太两个礼拜不接电话就能放下一切回家“救火”，他在任何时候提到自己的太太时都会说：“没有林惠嘉就不会有现在的李安。”

一个男人给不了你优渥的现在，但至少可以用努力去为你争取一个光明的未来。只是有少数男人，因为成长背景等原因，导致内心藏着自私与自卑。他们理所应当地享受着你的付出，却从没想过要上进和努力奋斗。

不少母亲为避免女儿将来受苦，总是苦口婆心地劝说女儿一定要找个条件好有能力的。但在爱情面前很多人会被蒙蔽双眼，把这些当作陈旧迂腐的老观念。

穷的确不可怕，怕的是穷了心志。在各种压力之下，发现自己越来越赶不上社会的节奏，自己的那点小聪明只会用在欺骗自己的爱人身上。

正所谓物极必反，穷人要么厚积薄发，要么认命到底。

所以亲爱的姑娘，有些人总是没法给你光明的生活，真的不是因为穷，只是因为不够爱你，别再为此消耗自己的大好时光。

好好珍爱自己，必然会有更好的人来爱你。

不必用伤害去完成爱的成长

Live a better
life in
imperfect life

前段时间回父母家小住，听父母谈起邻居叔叔家的女儿分手了，让我没想到的是，她前男友是一个大她十几岁的男人。

她叫小晴，在外省念大学。小时候曾经常黏在我身后“姐姐姐”地叫，人长得很可爱，也懂得讨人喜欢。这个男人是她在兼职打工的时候认识的，他比她年长很多，待她如女儿般疼爱。久而久之她发现自己喜欢上了这种被疼爱的感觉。

一个男人事业有成，为人处世都比身边的同龄人更为周到体贴，像她这般涉世未深的姑娘自然很容易陷进去。

可她忘了一件很重要的事，这个男人也有着她这个年纪所没有的城府。

小晴住进了男人的房子，成为他的小情人。久了之后，她却发现这个男人很少带她出去见自己的朋友，也几乎没有聊到过自己的家人。小晴怀疑过，却被男人的甜言蜜语掩饰过去。

直到有一天男人失踪了，她找了很多地方都没找到，后来有一个女人找上门来。

那个女人说了一大堆难听的话，勒令她离开，并声称这个男人从来不爱她，也没想过跟她结婚。而这个女人，是男人刚刚结婚不久的妻子。

她呆呆地看着那个女人，不敢相信她所说的话。那个女人理直气壮：“不相信你可以打电话去问啊，但我提醒你最好不要缠着他，否则我会让你在学校里没办法待下去。”

她只觉得脑子里一片空白，什么都听不进去。到如今她才明白过来，原来一个男人在劈腿的同时，还可以跟她脸不红心不跳地谈情说爱。

小晴后来一度消沉到无法念书，她的父母得知她为一个男人而自暴自弃时，非但没有安慰反而狠狠地骂了她一顿。

这种伤害，本就是年轻女孩所不可承受之重。

从家里离开的时候很巧地遇到小晴，她整个人瘦了很多，脸色憔悴苍白。看到她时我差一点认不出来，20 岁正是最好的年华啊，她却完全没有花季少女应有的容颜和精气神。

她问我可不可以一起出去坐坐，有问题想咨询我。我听到这话便知道她还没有完全地走出来，于是我们来到一家咖啡店。落座后，她忍了很久才发问：“姐，你说这世界上是不是每个人都需要经历一段失败的感情才能找到真爱？”

听到她这样问，我忽然想到《大话西游》里的台词：“我的意中人是个盖世英雄，有一天他会踩着七色云彩来娶我。”很可惜，她不是紫霞仙子。

我想了想对她说：“以我的经历来说，我并不认为只有找到真爱才会有幸福。虽然我不能完全否认这个世界上存在着真爱，但遇到又能走到结婚的人只能说真的很少。”

她听完还是一副不甘心的样子：“我真的没想到他会是那样的人，我那么爱他，不是图他的钱也不图他的地位，他怎么就忍心这样欺骗我呢？”

在安慰人上，我其实很没有经验，我喜欢直截了当。知道错了那就该尽量弥补和挽救，若连挽回的余地都没有那就另寻出口，不能让自己的生活成为死局。

“既然事情已经发生了，你应该要努力把伤害降到最低，尤其是对你的父母，他们没有义务去为你承担所有后果。不管是他狡猾还是你太傻太好骗，一切都过去了，纠结于过去只会让你自己的生活变得更糟，到最后谁也帮不了你。你还年轻，现在仅是感情上受到伤害，至少钱和人都还在，既然如此，你为何不去努力创造更好的生活，而要纠结在一份失败的感情上呢？”

她若有所思地点了点头。

我知道一个被爱情深深伤害的人，不可能因为我三言两语就能放下，未来的路还得靠她自己去走，只希望我的建议能对她有所启发吧。

萧萧的朋友 H，也曾受到过爱情的伤害。

H 从小就是美人坯子，长大后有不少追求者。H 成绩不好，高考落榜后，被父母安排在一家公司做前台接待。

然而，上班后不久 H 就跟公司业务经理交往，只是没多久，就因经理跟其他女人暧昧而分手。后来 H 又找了个销售员，他们在一起一年多，打算结婚时才发现这个男人有暴力倾向。

在感情的路上 H 十分不顺，她找到萧萧诉苦："为什么我就不能遇到一个好男人呢，我不过想找个踏实的普通人过日子，怎么就那么难呢？"

这样的话很多女人都会在失恋后说，可很少有人会从自身找原因。萧萧就一针见血地分析出 H 的问题："你若真想找一个人过日子，就不会把一个人帅不帅，一个月赚多少钱挂在嘴上。作为一个普通人他可能没有那么出色，但也许他还在努力，可你并不会看到这些，因为你光是看一个人的长相和收入就会把对方否决了，又怎么可能找到你想要的踏实的普通人？"

听到这些 H 似乎有些悔悟，可一旦有条件更好的男人追她，她又会忘记萧萧说的话……现在 H 已经成功把自己剩下，但碍于自己的年龄和无什么起色的事业，她只好降低标准以便让自己尽快嫁出去。

亦舒说："过了许多许多年，才晓得自己原来那么早就有智慧，可是，做人是讲运气的，在我的感情生活中，并没有遇见对我好与能保护我的丈夫，许多女人都没有遇到。"

是的，做人都是讲运气的，可人的一生能有多少好运气呢。

年轻的时候我们有时间去寻找一场风花雪月的爱情，但我们也期待花好月圆的结局。为何成熟魅力的男人总能吸引涉世未深的年轻女生？因为他们的阅历，他们的谈吐，他们拿捏得当的对待爱情的方式和手段，都不是年轻男子可以比的。

在爱情上栽跟头吃亏，只要不是财色两失，没到无可挽回的地步都还有翻身的机会。最可怕的是你被爱情伤害之后，却抱着要毁就把两个人的人生都毁了的心态。殊不知到最后，可能毁掉的只有你自己的人生。

我深切地希望，无论你是抱着灰姑娘找白马王子的心态，还是自命不凡等待真命天子的清高女，都要明白任何伤你至深的不会是对的爱情，你也要学会如何在爱情里明哲保身。

万一不幸被爱情伤害，也别着急怀疑人生。只有让自己强大起来，活得比从前好，让自己变得出色闪耀，才是对伤害你的人最好的"报复"。

如果你还年轻，就请记得：不要爱上一个撒谎的男人，只有藏着秘密的男人才会用谎言来对你；不要太依附一个男人，如果你没有把握他能一辈子对你好；不要为了爱情放弃现在的学业与梦想，如果你还没有能力保障自己的生活。

不过，如果你是一个视爱情为全部，没有爱情就无法活的人，这些话也许帮不到你。

其实已经有越来越多的女生明白这个道理：一个男人之所以在那么多女性中挑中你，又偏偏吃定你，一定是抓住了你的弱点。

别等到遍体鳞伤才懂得珍惜自己，要懂得拒绝那些渣男的花言巧语，学会在爱情里耍点小心机和手段，别让自己在渣男的谎言中颠沛流离。

归根结底，你的爱若太卑微，自然是会任人揉捏的那一个。早一点成长起来，懂得尊重自己的感情，不会为了钱或一句好听的话将自己轻易交付，才是对付那些喜欢玩弄感情的人最好的武器。

在爱情中，成长也是水到渠成的事情，年轻的女孩们，实在不必用一次次在爱中盲目的飞蛾扑火去让自己提前懂得那些道理。

姑娘，只愿你的成长，可以避免那些不可承受之重。

你还能单纯地爱一个人吗

Live a better life in imperfect life

爱一个人的定律有很多，其中一种便是“因为你有钱，所以我爱你”。我却觉得，唯有单纯地爱一个人，才能长久。

大学里的一个学姐，长得很漂亮，追她的大多都是有钱的公子哥，最差的也是一个中产阶级。他们以惯有的套路追学姐，却一无所获。

最后，学姐被一个学霸俘获芳心。

学霸长得普通，斯斯文文，是典型的书呆子。他背得下各种超难的方程式，却连学姐的生日都不记得，送礼物也只是以实用为主。

那些富二代们感到不可思议，忙活半天为他人做了嫁衣。有个局长的儿子心有不甘地堵着学姐问：“那穷小子哪点好，你竟然看上他？”

学姐连正眼都没看他："他哪儿都不好，但我就是爱他。"

毕业后，学霸打算考托福，学姐也跟着考。

临考试那天，学霸母亲出了车祸，学霸成绩发挥失常没考上，学姐却考上了。听闻学霸去不了，学姐果断撕了通知书。很多人都不看好学姐和学霸的感情，认为学姐太冲动和清高了，将来结婚就会知道现实的残酷。

我也很担心几年后学姐会为现在的决定而后悔。

没想到的是，几年后再见到她，我们所担心的事情完全没发生。

她毕业后和学霸一起进了一家外企，两个人携手并进。而学霸厚积薄发，很快就开始独立做项目，两年后学霸被外派出国，学姐也跟着一起去。

现在，两人在国外日子过得逍遥快活，前不久还生了个萌宝，一家人别提有多幸福了。在一次交谈中，我笑着对她说起当年的担忧，学姐却是很爽朗地回答："别说是你了，连我自己也很担心。但我知道，选对一个人比选对生活更重要，现在不也证明我当初并没有错，爱一个人就该选择相信他不是吗。"

在我们感叹自己找不到真爱的时候，有没有认真地想一想，是不是岁月改变我们年龄的同时，也带走了那份单纯的心呢？

就好比我们一百二十斤的时候，再看到自己曾经喜欢吃的奶油蛋糕也许再无惊喜和满足，却只担心自己吃多了会更胖。自然面对爱情，也缺少了当初单纯的喜欢。

先生是我初恋，当初我们决定在一起的时候，他拖着一口箱子，带着一张只有两千块的存折来到我面前，并把全部身家摆出来说："你相信我会给你一个好的未来吗？"

不知为何，我毫不犹豫地就点了点头。

说起来，这多少有受到一个长我几岁的邻居姐姐的影响。

邻居姐姐尹姝，与她老公也是初恋。尹姝二十岁从专科医学院毕业，经闺密介绍认识了闺密的表哥李涛，一个刚大学毕业不久的做 IT 软件的男生。

尹姝没有恋爱经验，从小到大虽不缺追求者，但从来没有轻易地跟人谈过恋爱。她选择李涛，仅是单纯地因为他对她好。

恋爱时，李涛只有一辆破自行车，每天接着尹姝上下班。

有一回情人节，李涛要买玫瑰和巧克力送尹姝。当时两人手头都还不宽裕，尹姝看了一眼一朵就要二十块的玫瑰实在不舍，于是就说："算了，送花太浪费了，又不实用。"

李涛却固执地非要送，尹姝推托不下便说："我还缺口锅，要不你就送我一口高压锅吧。"

因为是租房子，尹姝每天做饭都需要跟别人一起挤，所以买口锅的话倒是可以省去不少麻烦。

李涛很实在，在超市里选了半天，选了一口最好的锅送给她。这个事情后来被她当成笑话说给我听，但看得出来，她是满心欢喜的。

我曾问过她，为何谈一次恋爱就结婚，而这场恋爱谈得还不短，一谈就是六年。她笑得很幸福："我当时什么也没想，也没考虑房子车子，就觉得他对我很好。"

一句简单的"对我很好"足以证明，她爱得多么单纯。他们两人从什么都没有，到如今已买下三套房，还有一个活泼可爱的儿子，结婚多年一句争吵也没有。

虽无大富大贵，但日子过得安稳快乐，这就是单纯地爱一个人才可能拥有的幸福吧。

现在很多人对自己的另一半最低要求是，有一套房。很多的女生更是直接抛出条件：想娶我，没车没房，年收入没有六位数免谈。

如此条件，在很多女生心中是最基本的要求，算不上苛刻。也许是现实的压力让她们发现，生活最需要的是面包而不是玫瑰，她们可以找一个不那么爱的人过好日子，但没办法再跟一个一无所有的人拼未来。

越是到现在，越难有那种一眼看对就牵手到白头的爱情。以前听说那些相爱十几年的恋人分手，我总忍不住惋惜。

人生能有多少个十几年，有一个人陪你走过青春的又有几个呢？

与其寻找良人，何不珍惜眼前人。

当你感叹人生不如意，连个暖被窝的人都没有的时候，你又是否有那样一颗真心去对待身边人。你可以说是为了生活所以要找个物质可靠的人，但在精神世界里，物质永远无法与爱情持平，除非是你们共同打拼出来的。

这个世界上，没有那么多不劳而获的爱情。

韩国性感女星李孝利嫁人之后，无数网友叹息，认为女神瞎了眼，怎么会找了这么一个长相普通，又无任何才华和财富的男子。

但事实上，后来我们发现，李孝利不仅没有为她的选择而后悔，反而过起了满足的“村妇”生活。如果内心对这份爱情不够笃定，光是无数网友的质疑，就很难拥有一颗毅然决然过起退隐归田的生活的“平常心”了。

扪心自问，如果换作我们自己，有几个人可以做到嫁个比自己差、赚得少还长得丑的男人。

做不到，但这也并无矛盾。

女生的确不能嫁个穷的，这里的穷，说的是既穷又不知上进，还一味地把穷和自己的无能归结为外界因素，比如自己没有一个富豪老爸，老板眼光不好没发现他这坨金子。

找恋爱对象，除了他优越的物质条件和潜力以外，人品好坏、教养、相同的三观，这些都会决定你爱的这个人将来是不离不弃，还是有钱就会变心。

这世界上，有钱的人很多，但对你好的人不多，视你如珍宝并让你成长的人就更少了。

不管何时，愿你爱上一个人，不会是因为他的身份地位，不会是因为他的车子与房子。

在这个现实又冷漠的世界，想要真心实意地爱一个人，你也许会付出很多无法想象的东西，但更多的是爱情带给你的快乐与满足。

既然爱，何苦作

Live a better life in imperfect life

最近看到一个很有趣的情感节目，专为调解恋爱中男女所遇到的情感问题。

有一对情侣，女生非常强势，在台上全程黑脸，并且对男生有各种不满和抱怨。主持人问两人矛盾主要来自哪儿，男生无奈地举例：“有一回她逛街，打电话给我的时候我正好没有时间，所以没有接电话，结果回来的时候，她就直接把我的手机给砸了。”

主持人正欲开口，女生抢过话：“你拿着电话不接留着干吗？”

全场人都以为，这已经是够奇葩了，结果男生继续说：“还有一回她逛街，我给她打了十几个电话，结果她都没接，我问她为什么不接，她竟然直接劈头盖脸地把我给骂了一顿。”

正当人们以为这个女生会理亏的时候，她却显得很理直气壮：“我手里一边拎一大包东西，哪有空接你电话。”

这个女生给人的印象是霸道、刁蛮、任性、作和不懂礼貌。

其实这女生挺有代表性的，在她身上我们或多或少都能找到自己的影子。惟一不同的是，她身上的毛病，我们大部分人也许只有一两种，而她集齐了全部。

可当主持人问到关键问题“你爱他吗”的时候，她却低下声去，回答道：“当然爱啊，不然跟他在一起干吗。”

既然爱，何苦作？

我想到一个让男生很心酸的笑话，两个情侣在家里聊晚饭吃什么。

男生问：“晚上想吃什么？”

女生：“随便。”

男生：“吃火锅怎样？”

女生：“太辣了。”

男生：“那吃中餐吧？”

女生：“中午才吃了炒菜。”

男生：“西餐？”

女生：“太贵。”

男生已是垂死状：“那你说吃什么？”

女生涂着指甲，头也不抬："随便。"

现在的女生谈恋爱，想找的不仅是一张银行卡，更是一个全自动化，通人性，知冷暖，会十八般武艺的保镖加保姆。

如果能长得帅一点更是锦上添花。会说甜言蜜语是一等保姆，懂得制造浪漫是金牌保姆，温柔体贴是钻石级的，加上高学历、家世好之类的，还能多加十分。

不懂得满足的女生是为作，没事找事对男友横看竖看不顺眼的，是不是真爱只能打问号。

我的男性朋友中有几个比较风流的，Mr. 王算一个。

在我的印象中，他算是感情经历很丰富的一个人，甚至有一些多情。结婚前就各种拈花惹草，玩暧昧的女生数不胜数。

Mr. 王和王太太结婚的时候有人私下议论，一朵鲜花被牛粪给糟蹋了。

有一次我们去 Mr. 王家里做客，王太太做了一桌子菜。有一盘糖醋里脊肉醋放多了，大家不动声色。

原本就好面子的 Mr. 王有些不悦了："怎么这么酸？"

王太太听了一点也不恼，反而笑着说："你今天带这么多美女回家吃饭，我一时没忍住。"

Mr. 王脸上瞬间阴转晴，以前他的脾气我也是见识过的，一言不合就能掀翻桌子跟人干架那种。

看着夫妻俩一来一回地打趣，满满的爱和温馨，大家都会心一笑。

正如他自己所说，像着了魔一样，每天一下班就想着往家里跑。

真是得妻如此，夫复何求。

王太太嫁给 Mr. 王之前，是川大的一名高才生，称得上才貌双全。但嫁给“大烂人”Mr. 王之后，她却做起他背后的女人。

Mr. 王好面子，她从不在公开场合与他争论是非，无论对错，尽可能地保全他的尊严。Mr. 王与其他女人来往密切，她从不公开挑刺，点到即止，也从不翻他的手机、钱包。

很多人都问过王太太同一个问题：“这么花心的男人你嫁给他图什么？”

有所图，似乎才是一份不相配的爱情最重要的因素。

王太太回答：“或许我和他，图的都不过是爱吧。”

是啊，因为爱，所以不管他情史多丰富，外人如何说，她都相信他有自己的尺度和分寸。爱上了，就义无反顾，包容一切。这就是王太太的婚姻原则。

当然没有哪个女人是绝对大度的，王太太也是一样。我也出于好奇问过她：“Mr. 王异性缘如此旺盛，你真的不计较吗？”

“计较，当然计较。”她十分坦率地说，“可每当我计较过后发现我还是爱他，我不想离开他。何况他比其他男人都诚实，从来不会隐瞒任何对别人的喜欢，是纯粹的欣赏，还是心动、好感，他都会一五一十告诉我，我也愿意相信他。”王太太说这话时从容地整理了一下自己的头发，与其他在爱情里哭哭闹闹，作死的女人完全不同。她活得优雅自如，不与人纷争。

和很多女人不一样，她不会听到自己老公跟哪个女人多说了一句话，吃了一顿饭就惊慌失措。她有一份稳定的高收入的工作，生活不愁，不是结了婚就依靠男人而活。同时居家过日子也是一把好手，拿手菜手到擒来，简直可以每天不重样。Mr. 王吃了众多星级酒店的饭菜，还是说自己媳妇做的饭最好吃，或许说的不仅仅是菜的味道吧。

什么样的女生配什么样的爱情。

很多时候，你的爱情、婚姻幸福与否，决定权都在你自己手里。

爱是限量版奢侈品，不是人人都消费得起，就算你消费得起，也是仅此一个，需要你好好地保养、呵护、珍藏。

电影《我想和你好好的》讲述一对情侣从相爱到互相伤害，再到分开。不少人看到落泪，明明那么爱过，明明谁也没有错。然而当女主角站在窗台上以跳楼逼离家出走的男主角回来时，他们的爱情也结束了。

很多人的爱情，都是终结于刻骨铭心的伤害。

很多女生因为缺乏安全感，本来日子过得好好的，却总是有事没事儿去挑战对方的底线，以此确认对方是否依然深爱着自己。然而，每次争吵都是一种伤害，这种伤害并不会随着一次和好而愈合。下一次争吵爆发时，旧伤口又被重新揭开，一次比一次更痛……最终走到难以愈合。

我一直主张爱情要懂得有所为，有所不为。

很多女生，自知男友对自己宠爱无度，便理所当然地把他当成仆人使唤，在公共场所也不给对方留面子，以“虐”对方为乐，完全不顾虑对方感受。短时间这样，因为爱，对方可以忍受，那如果长此以往都这个模式，谁受得了？你要知道，你的男友也是个凡人，不是圣人。他爱你，也渴望被你所爱，并非被你所虐。适当地小作一下，可以作为感情的润滑剂，增加生活情趣，但千万别作上瘾了，把它当成你索求无度的手段。

聪明的姑娘懂得为自己的爱情修身养性，只有笨女人，才会想用歇斯底里来拴住一个男人的心。

千万别忘了那句话：不作死就不会死。

倾其所有去爱你

Live a better life in imperfect life

周末与朋友聚会，聊着聊着就聊到我们共同的朋友小安。

一个朋友说：“知道吗？小安上个月刚跟她老公离婚了。”

众人哗然。有惊讶，有嘘唏，也有人似早有预料。

有朋友说：“我本就不看好她跟她老公的婚姻，自始至终都是小安在付出。”

她们说的是小安跟她老公刚恋爱那会儿，小安几乎是包揽了一切，不管生活还是学习。小安的想法是：我认为这是你要的，所以我就要给你。

因为这个，小安和她老公吵了很多次。每一次，都是小安先示好。

在旁人看来，她像个女仆一般任劳任怨，小安却说：“我只是因为爱他。”

因为简单的一个“爱”字，她成了爱情里的仆人。

小安跟她老公 H 是大学同学，小安对他一见钟情。所以，小安爱 H，胜过 H 爱她。

爱得越多的那一方，必定付出越多，小安也不例外。

小安是湖南妹子，吃辣椒长大的姑娘。不管别人说什么，只要自己认定了，就敢爱敢恨。H 是厦门人，小安说就爱他骨子里透着的那股海边长大的孩子特有的浪漫情怀。

学校附近有一条美食街，小安和 H 是那里的常客，他俩都喜欢吃臭豆腐，糖油粑粑，麻辣烫等各种路边小吃。不过，H 虽然爱吃，却从来不自己动手买，每次都是等着小安排上半天的队买回来给自己吃。

大三的时候 H 准备考研，小安做起了全职保姆，给他送水送饭，提前去图书馆占座位。有时 H 大半夜给小安打电话说想吃小龙虾了，小安能在半小时内给他送到宿舍楼下。

如此不被看好，小安却和 H 一路走到了结婚。

他们的婚礼我去参加了，仪式很简单，不花哨不铺张。菜单是小安一个人选的，婚礼现场是她一个人跟婚庆公司沟通的。为了省钱，两人的婚纱照是一个学摄影的同学帮忙照的，后期小安自己 P……

对他们婚姻不看好的，还包括小安的父母。

小安的父母心疼女儿，临出嫁前偷偷塞给她五万块钱，让她存着自己用。结果H要买车，小安立马又贴了进去。

很多人觉得小安在爱情里实在太卑微，完全是古代三从四德的良妻典范。

H本不是大男子主义，但慢慢地对小安的付出越来越心安理得，享受“皇帝”般的待遇。不过，除此之外，H还算是个不错的丈夫，不嗜烟酒，不与女性暧昧，工资一律上交，周末两人就驾车去爬山，短途旅行。

两人的小日子过得还算是有滋有味，然而不知怎么还是走到了离婚这一步。

没有争吵，没有外遇，没有各种我们胡乱猜测的理由。许多人都以为是H出轨或者要抛弃小安时，知情者却透露，离婚是小安提出来的。

她的理由很简单也很实在，累了，不想再付出了，爱已透支。

H反应很平静，他跟小安开诚布公地聊了一整个晚上，第二天，俩人很和平地就去了民政局。

周围的朋友都说，这两人是把婚姻当儿戏了，结婚的时候义无反顾，离婚说离就离了。各种不理解的声音都涌了出来。

小安离婚后辞了职，她说要静一静，于是去了西藏。

从拉萨回长沙到成都转机，她打电话叫我出去坐坐，这离我得知她离婚的消息已经过去了三个月。

看到小安，人瘦了，黑了，却精神了。

我们坐在盐市口的咖啡店里，看着人来人往的繁华街头。小安说：“我不后悔离婚，也不后悔这些年付出那么多去爱他。”

眼前的小安，还是当年那个有点倔强的女生，只是时间让她温和了许多。我看着她，不知该安慰还是该祝福，本来想着尽量避开这个话题，没想到她却主动提起了。

“你们是不是很想知道，为什么我付出所有等到好不容易修成正果，却又亲手毁了它？”小安笑着看我。

我老实地点点头，说不好奇，那是假的。

“当初我爱他的时候，我以为付出所有便是爱，我也以为爱若是有所图，便不是爱了。可这几年过下来，我一点都不快乐，我失去了自己。大三的时候其实我也想考研，可是为了照顾他所以不得不放弃了；结婚买房子，首先考虑离他单位近的；每天做饭要按他的口味；甚至连卫生纸也要买他喜欢的牌子……”小安喝了一口咖啡，继续说，“不过，爱是自由的，当初我做这些心甘情愿，所以现在我不怨任何人。”

眼前的她已经成熟到懂得如何去承担爱的后果。有勇气爱，自然也要有能力承担为爱所付出的一切。

离婚后的小安，在拉萨住了一个月，每日去听佛经，观察那些朝圣的人，偶尔与当地的妇女聊天。她很快乐，她说自己从来没有这么放松，这么自在过。

以前小安说，没有爱她活不了，现在她却释然了，爱一个人并非一定要失去自我。

哪怕再爱，一个男人也不该是你生活的全部。

很多女人在恋爱时，担当的是母亲，而非恋人的角色。有良知的男人可能会把你的好当成一种恩情，但绝对不会因为你倾其所有的付出而更爱你。

小安之所以会选择离婚，正是因为她渐渐明白，付出所有去爱一个人，只会让自己变得一无所有。

女人不一定要独立要强到让自己的老公完全对自己俯首称臣，但一定要懂得在爱情里适度拿捏。对于男人来讲，一个在事业上支持自己的女人，不如一个能让自己省心的伴侣。付出越多，要求也越多，很多女人在为对方付出一切后，忍不住也希望对方可以给予相同的回报，这是很多婚姻产生矛盾的根源。其实，不管你是二十岁，三十岁，还是四十岁，都不要忘了你还有权利继续享受人生，继续追求自己的梦想，去过想过的生活。

有的已婚女人总是把过多的精力放在家庭上，她们以为付出所有精力在家庭上，是一个女人的责任和义务，并理所当然地认为，爱一个人就应该委屈自己成全对方的事业和人生。

可事实是，你会渐渐与社会脱轨，如同井底之蛙，眼界越来越窄，活力越来越少，人会迅速老去，有一天你会发现，你跟被自己收拾妥帖的老公站在一起，已经完全不相配。

那时的你，是否还会觉得这样的付出是值得的？

真的爱一个人，不是全心全意地做他的生活保姆，而是要努力与他并驾齐驱。他学识渊博，你也该多阅读书籍充实自己；他社交广泛，你也不该死宅在家里，要多出去增长见识；他事业有成，你在工作、经济上至少也要做到自给自足。

与其付出所有，不如积极跟上他的脚步，才能真正做到不负自己，不负爱。

走过情路艰辛，才懂得爱的慈悲

Live a better life in imperfect life

相伴到老是一种美好，而爱一个人，是一种温柔的慈悲。

今年三月搬进新家，当时装修匆忙，与邻居还未正式认识。于是整顿好之后便准备了一些小礼物亲自登门送给邻居。

小区在大学对面，里面多住着退休教师。我送礼物的时候，住对门的老人非要拉我进屋聊会儿，盛情难却之下我便进了屋。

闲聊中得知老人是独居，丈夫因病去世后，她曾被儿女接到国外住了一段时间，因为不习惯所以又回到这里。我对房子里满书架的书很感兴趣，征得同意后取下一本《穆斯林葬礼》。

我意外地发现，书的扉页有一段摘抄，是苍劲有力的楷体：“爱，不是猎取和占有对方，而是发自内心的责任感，爱是一生一世的承诺，就像信仰一样永不改变，永不背叛！不要用自我牺牲这样的辞藻来贬低我，我们双方都不是祭坛上的羔羊，我们付出了爱，也得到了爱，爱得深沉，爱得强烈，爱得长久，这就是一切。”

“这是我先生写的，他生前很喜欢这本书。”老太太解释道，脸上满满的爱意。

老人说，五十年前，二十岁的她刚从大学毕业，分到电子科大教书，一教就是四十几年。在这里她遇到了自己的丈夫，也是一位教授。

他们顺理成章地恋爱了，而且爱得热烈。学校当时不允许谈恋爱，他们就靠书信传递情愫。教授的字写得很工整，老太太就把当年的情书都保留了下来。

“也就是因为觉得写得好，留个纪念吧，没想到现在倒成了一种美好的回忆。”老太太感慨道。

“那这些情书还在吗？”我很是好奇。

“不在了，老头子过世的时候，我把它们放在他的衣兜里，随他去了。”老太太提到伤心处，有些伤感。

我连忙转移话题：“这些书我可以借来看看吗？”

老太太听到我喜欢这些书，很开心地说：“当然可以，老头子要知道有一个人这么喜欢看他的书，一定会很高兴的。”

书架上很干净，看得出打扫的人很用心。我随意挑了几本书，便起身告别老人回了家。

不久前，老人被外地的儿女接去一起生活。临走前她的女儿送来两箱书，她说老人只带走了他们父亲生前最喜欢的那本书，其他的都送人了，也许是缘分便给我也送了一些。

我顺嘴问了一句：“老人家应该不舍得离开吧？”

对方叹了一口气说：“是啊，大概是怕我父亲每年忌日无人祭拜，太孤单吧。”

记得之前有一次我去老太太家还书，老太太说起跟丈夫几十年的风雨路程，感叹道：“上山下乡那会儿，我和他被安排去了农村。因为知道我受不了那里的生活，他便每天去山上采花给我，想让我心情好一点。偶尔还能捉回一只野兔……在那个年代，有这么个人陪着……回想起来，我没什么不知足的了。”我想起曾经听母亲说过的曾祖母的爱情。

我的曾祖母，生于一个单亲家庭，她父亲过世得早，而母亲靠着给地主做针线活养大她。曾祖母念过私塾。在那年代，女子念私塾要么是富家小姐，要么是父母健在家里有能力。然而曾祖母的母亲是个要强的女人，虽然生的是女儿，也要给她最好的。

曾祖母念到十六岁，与学校一位教书先生谈起了恋爱。曾祖母的母亲知情后勃然大怒，强烈反对。单亲家庭的成长背景以及母亲多年的宠爱，早已让曾祖母形成了特立独行的个性，又怎会囿于封建的牢笼。

于是他们结婚了，很快有了我外婆与二姨婆。

可不久之后，曾祖父调往南昌，与学校一个女老师有了感情。在他们那个年代，是可以娶小妾的。

曾祖母自然不愿意，一封断情书，就此断绝与曾祖父的来往，独自抚养外婆与未出生的二姨婆。再后来经人介绍认识我现在的曾祖父，一位船夫。

婚后有一个时期，家里实在太穷，曾祖父撑船的收入难以养家，曾祖母不得不去给地主做工，不管再苦再难，他们也从未有过一句埋怨和争吵。

两人后来还育有两儿两女，一直相伴到老。

我写下这段故事，是感叹于曾祖母那个年代的爱情，与现代人的爱情完全不同。平实却令人动容，有一种朴实的质感。

我一直羡慕“择一城终老，得一人白首”的爱情。然而现实中，谈到婚姻，我们听到最多的，不过是“差不多就行了”“结婚后都一样”……我们这个时代，对爱情的要求真的低到了“差不多就行了”的地步？

前段时间，有对中年夫妻，在假想他们如果中了五百万，钱怎么分的问题上产生了分歧，最后离了婚；还有为了买房而假离婚，结果十几年的妻子带着房子嫁给了别人……

越来越多无关爱情的婚姻，越来越多分道扬镳的理由。

结得草率，离得草率，这种快餐式的婚姻不断在延续，人们对此选择了麻木和无视。

之前曾跟已婚的朋友聊过一个话题，为什么现在的人可以共患难，却不能共享福?

后来我们得出结论，苦难才是爱情最坚实的基础。在一个人一无所有的时候，他只有爱情可以依靠，当然会更为珍视，但一个人有了钱之后，他的世界里有了太多可以依靠的东西。

没有走过一段艰辛的情路，很难懂得平淡与安稳才是最好的婚姻。

太容易爱上一个人，所以分手时也更洒脱随意，这份感情几乎都没怎么付出精力与真情实感，又怎会难舍难分呢?

前不久一个准备结婚的朋友跟男友分手，原因竟是男方家里算出两人八字不合。我感到无语，问朋友作何打算。朋友表现地十二分淡定:“分就分呗，反正他妈也怕我克死她儿子，早分早好。”

快一年的感情就这样三言两语一带而过，谁也没有试着努力争取一下，不是感情基础薄弱，又是什么。更令人无语的是，几天后朋友告诉我，那个男生已经跟家里介绍的相亲对象在交往了。我听后心里万马奔腾，可朋友依然表现淡然，吃喝玩乐没事人一个。

我跟先生聊起这事，他也是摇头："如果两个人的感情基础很深厚，自然不会是这样的结局。反之，他们这样的关系，分开也不会觉得太难过。"

没有坚实的感情基础，又如何去经营一段幸福美满的婚姻。

爱情也需要经历风雨，携手走过情路艰辛，才能对爱保持慈悲之心。

嫁给爱情的女人长什么样

Live a better
life in
imperfect life

以前公司里的会计王姐，五十多岁，对人很和善，儿子都已经找了对象，她看起来却还是一副小女人的样子，状态特别年轻。

有一回，我在洗手间无意听到她跟老公讲电话，大致内容是王姐想晚上去吃火锅，她老公不让，原因是她的胃不好，不能吃得太辣。

王姐就在电话里一通撒娇，不过最后还是妥协了。

我在一旁打趣地说：“王姐，你这是想羡慕死我们这些单身狗呢。”

她一脸娇羞状：“哎哟，你就别取笑我了，都老夫老妻的了。而且他这个人啊，太霸道了，为了不让我吃辣，竟然提出以后每个月都陪我出去玩一次作为交换。你知道的，我这个人除了爱吃，就喜欢到处去逛逛，所以只好听他的了。”

虽然是一脸不耐烦，我却明显感觉到她内心的欢喜。

后来我跟闺密谈到这事，闺密一脸羡慕：“这才是嫁给爱情的样子，嫁给一个爱你的人，他就能宠你一辈子，哪怕你到了八十岁。”

王姐跟她老公是相亲认识的，当时王姐是国企的员工，福利待遇样样比她老公好。在外人看来，王姐算是下嫁了，而且结婚的时候，两人几乎就是裸婚。

结婚那晚，王姐老公对她说：“这辈子，我虽不能给你富贵荣华，但我保证能让你衣食无忧。”

在三十年的婚姻中，他们很少吵架。当年下海经商的热潮涌起，不少人都鼓动王姐老公下海。老公回家与她商量。她见老公是真心想去做这件事，所以什么也没有说，把自己多年的存款拿了出来。

然而不到一年时间，老公就亏得血本无归。大年三十晚上，一家人连包的饺子都是素的。可王姐一点也没有埋怨，让老公回单位继续上班，当时王姐留了心，所以让他停薪留职留条后路，结果真用上了。

许多人问王姐为何当初没有大吵大闹，就那样原谅了她老公。王姐云淡风轻地说：“你既然嫁给了你的爱情，就该为爱承担一切，不能风光的时候你享受，落魄时你就嫌弃。”

如今两人携手走过半生，老公一如既往的宠爱，多少也有王姐经营婚姻的智慧。

这让我想起我同学李佳，结婚不到一年，婚姻就亮起了红灯。

李佳和她老公本是人人羡慕的一对，他们因相爱而结婚。只是结婚前曾遭遇李佳父母的反对，认为她老公经济条件太差，给不了她幸福，最后她以离家出走相逼，父母才答应。

婚后，李佳本以为她老公会更爱她，珍惜这得来不易的感情。可没想到，她老公并没有因此而努力上进，原来啥样结了婚还是啥样。

她老公是个宅男，以前她认为这一点很好，至少不会出去拈花惹草，现在却发现，她老公根本不是宅，而是懒。大学同学过来出差，打电话约李佳和她老公出去见面。哪知道，她老公一听见面的地点，直接说不去，理由就是太远，懒得去。

事业上，她老公也没有什么上进心，一个月拿着几千块钱工资，下班回到家就玩游戏。平淡的日子过久了难免会觉得乏味，加上周围的同学朋友，以前日子过得不如他们的，现在都买房换车的，有了比较之心，矛盾自然就出来了。

李佳一开始觉得没什么，但每天回到家里看到自己老公一副玩世不恭的样子，心里就一股无名的火。

李佳说："结婚前他那么爱我，真没想到结婚后会变成这样。"

我无奈地安抚："也许他结婚前就是这样，只是你结婚后变了，而他没有变。”

李佳却一连三问：“男人不是都应该随着年龄增长越来越成熟吗？结婚之后难道不该更有责任心吗？他怎么还是一副‘一人吃饱全家不饿’的状态呢？”

可现实却是，面包和爱情，很多时候都是此消彼长的。

李佳老公资质平庸，缺乏上进心，自然恋爱时会有比别的男生更多的时间陪她。李佳忽略了一点，婚后这种陪伴的代价就是无法创造更优渥的生活。于是她的失落感越来越强，随之而来的就是埋怨和争吵。

后来我劝她：“其实你也应该要体谅一下他，既然他曾是你认为的最好的对象，那就多想着他的好。他不够上进，你不一定要强迫他，但可以旁敲侧击，适度地提醒和多给他鼓励。他既然是爱你的，自然会懂得你的用心，发奋让你过上好日子。”

虽然不知道李佳是怎么做的，但前不久看到她在朋友圈里晒宝宝照，一脸幸福的样子，应该也是有所改变吧。

在爱情里可以做任性的小女生，然而婚姻里却要做宽容的大女人。

大多数人爱的初衷，不过是想找一个心灵相通、可以依靠的伴侣，如果婚后想要的越来越多，对方又满足不了，很容易积怨越来越深，连原本的生活状态都维持不住。

婚姻的柴米油盐让许多人对爱失去耐心，不断以“你以前不是这样的”“你当初追我的时候怎么不这样”“早知道你会变成这样，我死也不会跟你结婚的”等言辞，去挑战爱情的底线，直到戳破了那颗载着两人飞翔的热气球，同归于尽。

婚后的女人为何多数比男人要活得累，老得快？就是因为操心太多。女人总以为，男人结婚之后应该变得成熟，懂得担当。然而多数男人在不短的时间内都会玩心未收，婚前婚后一个样。

这也是婚姻中很多男女矛盾的根源。

其实就算是结了婚，女人也一样可以活成恋爱中的模样。

你可以像个小女人一样享受男人给予的宠爱，也可以在工作中继续努力，拼出自己的精彩。

跟别人比老公的女人最傻，与其没事给自己找不痛快，不如好好想想，如何把你的婚姻经营得和恋爱时一样甜蜜。在婚姻中，很多女人希望男人既可以赚钱养家，又能做到时刻陪伴；而男人则希望女人既独立又顾家，还能给他足够的自由。对以上两种，我都想说，可能吗？

任何选择都有利弊。嫁给爱情的女人，其实背后需要更多的宽容和隐忍。当你羡慕一个女人婚后还能被爱情滋润的时候，也不要忘记去学习她经营婚姻的方式。因为这背后，定是一场付出与索取的较量。

02

做好自己，才能真正被尊重

Live a better
life in
imperfect life

靠脸吃饭，不如靠实力

Live a better life in imperfect life

我很喜欢的演员贾玲前阵子被网友挖出胖之前的照片，也是妥妥的美女一枚，网友纷纷表示，明明可以靠脸吃饭却偏偏选择了靠实力。

我想，她未必不知道，实力才最重要。

认识一个长得很漂亮的妹子，刚进公司便引来许多关注。公司做的是进口服装生意，这个妹子是学设计的，领导却把她安排在销售岗位，成为一名试衣模特。

对很多人来说，能够有这样轻松的工作也许会感到高兴，不需要埋头苦干只需穿得美美的见客户谈成生意就有高额的提成。

长得漂亮的女生，不得不说天生就自带优势。可时间一久公司便起了风言风语，一个新进公司的大学生，还未站稳脚跟却能领着比老员工都高的工资，有人不服是正常的。

她一开始没在意，各凭本事吃饭谁也碍不着谁。再说，长得好看的女生，容易招惹非议，从小到大她早就习惯了。无奈闲言碎语愈演愈烈，她不得已找到我求助。

我问她："公司里的人为什么嫉妒你？"

"因为我漂亮呗，工作比他们轻松还赚钱比他们多。"她脱口而出。

"我记得你当初是去应聘设计师的，为什么现在又做起试衣模特？"我继续问。

"不都一样吗，反正这个工作比设计师轻松多了，赚的又不少。"

我忽然觉得她不是不懂分寸，只是没看到问题的本质，于是给她分析："你可能会觉得别人是嫉妒你，但你有没有想过，即使现在他们真的嫉妒你，但几年之后呢？模特本身就是吃青春饭，年龄一大，自然会面临被淘汰。你现在光凭着年轻的资本拿到比他们辛苦加班还高的工资，谁都会心里不爽，不过这个都是暂时的，因为他们所做的工作更有技术含量，几年后只会让身价倍涨，相反你更应该担心自己今后的发展而不是顾虑眼前别人的嫉妒。"

妹子听完有些傻眼，却是很认真地点着头说："好像是这样，我领导就曾暗示我没事的时候可以去设计部学习一下，但我没当回事。"

于是，她开始利用业余时间跟着设计部的前辈学习。因为嘴巴很甜，也会做人，很多人都愿意帮她。

现在的她，终于成功转型设计师，并且凭借自己的能力拿下第一个客户。她打来电话报喜顺便感谢我的指点，我对她说："这都是因为你自己努力的结果，我不过是旁观者清。"

她却感慨道："还是做实力派好，我终于知道为什么有些明星明明样貌出众却偏偏选择特别挑战的丑角来演。不拿出点真本事来服人，永远不会有人对你刮目相看。"

老天爷赏饭吃是一件很荣幸的事，但永远不要停止追求做一个实力派。就像张爱玲说的一样："你很年轻吗？没关系，过几年也就老了。"

之前在网上看到一个工作九年的 HR 发表感慨：

"一般愿意加班和公司里最勤奋的通常都是二十五岁以下的年轻人，他们正是因为懂得给自己的时间不多，如果不能在三年内快速地成长起来，今后可以成长的可能就不大了。"

所以年轻是资本，实力才是长期饭票。

有实力的人都很低调，不似有人自信爆棚四处炫耀，更不似半桶水那般响叮当。

我的一位老师，为人很随和，在课堂上也经常跟学生们开玩笑，完全没有老师的架子，大多学生都不怕她，经常对她没大没小。

可只要在学习和原则性的问题上，她从来都是很坚决的。学校里很多学生喜欢她，却有很多老师不待见她，觉得她的教育方法有问题，认为她是凭着运气才能让学生考了好成绩，根本没有什么真本事。

但她从来不争论什么，依然我行我素，因为她教的学生成绩都很好，连校长也拿她没办法。

毕业很多年后我再见到她时，开玩笑说："老师，我最佩服的就是您了，也不见您教我们什么，但每个人都能考得很好。"

哪知她也一改平日里的随和，严肃地说："你们服我就对了，因为在教书育人这件事情上，你们没有人能比得过我，就算你有点小聪明，那也不过是投机取巧，要是真的比实力，你们还得再混二十年啊。"

想想以前经常有学生对她不服，想要挑战她的教育模式，却屡屡战败，她都是一句话打回我们："没有那个本事，就不要像个半罐水一样，要响不响的。"

其实现在想想，如果她真的没有实力，以她特立独行的教育风格，又怎么能在学校里待这么多年，教出那么多的优秀人才。

有实力的人，才不担心自己饭碗不保，也不担心别人对自己做事的方法指手画脚，因为他们更喜欢用实力说话，拿出成绩来服人。

有实力是一种什么样的感觉?

首先一定是很淡定，因为没有什么事情是他们搞不定的。再刁难的客户，难搞的上司，不好相处的同事，在他们面前都不足为道。因为迟早，他们都会让人心服口服。

其次从来不显摆，因为实力摆在那里，不需要再向别人证明什么，在别人拼命讨好或借关系达到想要的目的时，他们的实力却更能够被信赖。

著名华人影星刘玉玲比起中国很多明星来说都不能算漂亮，然而她却能成为好莱坞知名华人女星。她在演《霹雳娇娃》之前，几乎是默默无闻的，明明演技和实力已经足够，片酬却低于其他演员近十倍。

如今，她成为众多女性喜爱的演员，也成了 SNL 的首个亚裔主持人。她长得并不美，却做到了很多漂亮的女演员所做不到的事。她不算人生大赢家，却比很多人生大赢家更被人欣赏和喜爱。最令她骄傲的，应该是她靠的是实力征服观众，而不是脸蛋。

有实力的人，就算不出头，但依然能保证自己拥有踏实的人生。实力是一种硬功夫，即使他们低调到不为人知，但只要跟他们接触过的人，都会为他们的才识所折服。

实力这种东西，也并不是一朝一夕可以拥有的。如同写得一手好毛笔字的人，通常都是勤学苦练才能做到的。

在不完美的人生里活得更精彩

你选择给自己一个交代

人生才会对你格外宽待。

在不完美的人生里活得更精彩

你选择给自己一个交代

人生才会对你格外宽待。

每个在大城市里打拼的人都知道，大城市的节奏很快，你的脚步慢一点，就很难跟得上了。想要更好地融入这个快节奏的社会，享受更滋润的人生，靠的只有实力。

如今，不少三十几岁的女性社会价值越来越高，她们没有因年龄而受到限制，反而拥有许多人所不及的胸襟和才干。正是因为她们懂得把握最好的时光，把精力放在了积累实力上。等到三十几岁，自然会比大多数同龄人、二十几岁的年轻姑娘更有实力，并拥有不一样的身份和地位。

靠实力吃饭的人，永远不会被社会淘汰。他们多年的丰富经验，早已能应对世界的万千变化。他们的洞悉能力，广阔的人脉和阅历，使她们无论何时何地都能从容淡定。不似有的人死守一个岗位，一旦遭遇变动，就感觉天塌地陷，无处逢生。

实力是一个人吃饭的本领，更是在这个时代立足的根本。没有实力，我们又怎么会有底气去展望美好人生，成就自己呢？

梦想，坚持过
就已经很了不起

Live a better
life in
imperfect life

出版自己的第一本书时，很兴奋也挺激动的，于是在朋友圈里厚着脸皮刷屏，希望亲朋好友都能分享自己的喜悦，顺便帮忙宣传一下。

消息发出后，一个很久不联系的朋友找到我，先是客套地说了一些恭喜的话后又认真地说："你知道吗，看到你还在为自己的梦想坚持，真心为你高兴，我也给你说说我的故事吧。"

朋友说因为小时候家里负担重，高中毕业后就去了广东打工。在阴暗潮湿的服装厂里做小工，一个月一千块的工资，需要每天工作八九个小时，想要多拿钱，就得干上十几个小时。

朋友当时年龄小，心里对赚钱却十分热忱，她只有一个念头，多赚钱回学校继续念书。但这个愿望一直没有实现，因为家里还有一个弟弟，她赚的钱给弟弟交完学费后所剩无几。

熬了两年后，家里生活有了好转，她向父母表达自己想重回学校的念头，但父母却说："既然已经退学这么久了，学校肯定不会再要你，不如就继续打工赚钱补贴家用，存下的钱自己报个自考。"

朋友明白父母的意思，加上她的基础差，也不一定真的能再回学校，于是她开始自学。为了省钱，她常常就着白水吃馒头。跟她一个宿舍的姐妹给她出主意让她去学市场营销，因为她听说自己的一个老乡在做销售，一年赚不少钱，而且销售这个门槛低，不需要什么高文凭。

她一心想跳出工厂这个大门，听到门槛很低的要求，便暗自决心把这个当成目标。

自考拿到大专文凭后，她应聘到一家美容院做护肤品销售，却没想到工作第一天就吃到闭门羹。销售这行也远不如她所想的那般简单，很多人对来路不明的产品更是直接拒绝。在美容院里摸索了一年她才慢慢摸到门路，从被人拒绝后一个人偷偷地哭，到后来开始学会别人再怎么拒绝也笑着说谢谢和再见。

做产品销售，说白了就是要拉得下脸，吃得了苦，更要受得了别人的冷嘲热讽。

就这样坚持了几年，她从一个月卖不出一瓶到如今的月收入过万，在广州这座寸土寸金的城市里买下自己的房子。前不久结婚生完孩子，还把父母从老家接了过去，她说自己总算是熬出来了，至少不需要再为钱而发愁，偶尔还能去香港小奢侈一把。

她说到最后，半开玩笑地说："也许在你们眼里，这并不算什么梦想吧。但这是我一直以来梦寐以求的生活，不求大富大贵，但求能在这座城市里扎根生存，过上普通人的生活，这就是我人生最大的梦想了。"

我听完很认真地对她说："你真的很了不起。"

因为换作我，未必能做到她这般坚持。如果没有梦想的支撑，没有坚持的蛮劲，又怎么可能换得来安逸和富足的生活。

我的朋友豆豆是个"80后"的辣妈，自己做商学院培训。虽刚做不久，但她的课程已经卖到两万。

她做微商起家，她说自己之所以可以做到现在，最大的原因就是坚持。她做了三年的微商，从怀孕时开始做，现在孩子都已经三岁了。

刚开始她和老公在北京，因为报了培训班，于是在那里开始了自己的第一步。自从做起培训开了公司之后，她经常忙到凌晨两三点。

回家的时候孩子睡了，走的时候孩子还没醒。老公怕她辛苦劝她多休息，多陪孩子。豆豆却坚持每天写课程整理笔记，两个月的时间写了近八十万字的教程。

一切的努力都是有所回报的，不到半年商学院小团队成员增加到数十人。

有种坚持是迫于生活的压力，比如豆豆，生活最终也给予了她回报；有一种坚持是梦想所驱，比如我，写作始终是我魂牵梦萦的灵魂追求，最怕某日不得不停下这支笔，生命就没有了意义。

如果你没有坚持过写作，一定不知道其中的艰辛。

如果你觉得写作就是靠一点点才华，加胡编乱造就能让读者痛哭流涕、鼓掌欢呼的事，那你错了。

你是没见过一个作者丧失灵感写不出东西来急得要抓狂的状态。一个平时温文尔雅的姑娘会硬生生被逼成一个疯子。以前我看书，总会看看作者的简介，他们有些人的作品产量甚至已经超过千万字。而他们之所以会写出这些作品，并不是为了证明他们是码字机器，这只是他们坚持的一个印记，正因为有这些数字的记录才能让他们的坚持变得有意义。

写作的梦想，不比任何一种梦想容易。因为我们永远不知道需要码下多少字才能被认可，有真正懂自己的读者，会被读者所接纳。

没有谁的梦想是毫无意义的，更没有谁的坚持是在浪费时间。

虽然这世界上总有人会跟你唱反调，当你坚持梦想的时候，会有人嘲笑它不现实，会问你是不是在白日做梦，甚至毫不留情地打击你：“算了吧，就你？”

面对别人的质疑，一开始你可以视若无睹，时间一久，你是不是也会开始怀疑，我有能力吗？别人都没成功，我可以吗？我又不是谁谁谁，还是放弃吧……

是的，也许你坚持了十年，还是一无所获。你会感到沮丧，会后悔当初的选择。可当你准备放弃的时候，你真的甘心吗？

很多人回忆往事，经常会说：“假如当年我没有放弃，现在我会怎样怎样。”好汉不提当年勇，你现在说这些又有何意义呢？

那些为梦想打拼的人，无论他们经历过什么，他们都是这世界上最了不起的人。

也许他们曾为了讨生活而低三下四地求过别人，也许曾为了多接一个订单，在客户面前卑躬屈膝，也许曾为了梦想而抠门儿到吃牛肉面都不敢要牛肉。

梦想之所以伟大，就是因为它值得我们如此敬畏，值得我们对自己抠门儿。

生活不是一碗“鸡汤”，不是所有人都会在你坚持梦想的时候不停地鼓励和帮助你。

梦想是因你的坚持而可贵，也只会因你的坚持而有意义。如果你能把梦想当作灵魂伴侣一般珍惜，又或者，把梦想当作日思夜想的情人，每天想着如何将它追到手。那么，梦想一定不会离你太遥远。

追逐梦想的道路，残酷而现实，需要承受的压力，经受的挫折，远远超出大家的想象。所以，所有为梦想付出过努力的人，都是很了不起的。

或许我们的人生并没有太多机会去做惊天动地的大事，但至少以后你可以说：“我曾花了一生的时间去追求我的梦想。”

或许你也曾深夜痛哭，追问自己，在这座陌生的城市里默默地坚持有什么意义？我们为梦想而活究竟是对是错？

我相信，梦想是会照进现实的，我也相信，一个有梦想的人，人生绝对不会落空。只希望，在这条路上，你可以坚持久一点，再久一些，也许下一秒，它就能成功了。

所有的梦想，在你坚持的那一刻起，早已为你安排了结局，所以不要灰心丧气，你再努力一点，坚持一下，就会看到明媚曙光。

努力的姑娘，运气都不会太差

Live a better
life in
imperfect life

年初的同学聚会上，见到了大学的舍友烟。

简单的闲聊后，得知如今的她已经是知名外企的高管，不仅事业有成，还有一段刚刚萌芽的跨国恋情。她的状态，让众多全职太太们又羡慕又嫉妒。

记得当年一起选择设计专业的我们，对未来充满向往，以为将来自己一定会成为了不起的设计师。但设计行业竞争激烈，新人想要做出点成绩，往往需要多年的努力和积累，所以毕业后多数同学开始偏离了原来的梦想。

就在我们渐渐放弃，为生计奔波别处时，烟依然在努力着。

刚毕业时，和大多数人一样，烟也没有找到理想的工作。

所以她选择在一家小的广告公司做了很久。

前两年偶然听别的同学说她跳槽进了一家服装行业的外企，此时很多人早已经在别的行业里打拼，当初想要成为知名设计师的梦想没人再提起。

短短的几年时间，再次相聚，她已经站在了大多数人这一生都无法企及的高度。

“你是怎么办到的？”一个同学很是好奇。

烟笑着放下红酒杯，说道：“去年我第一次买超过两百块钱的化妆品。”

众人意外，不知她是何意，继续听她说下去。

原来，烟毕业后，一直在那家广告公司里当实习生，做了半年才转正，工资也才仅仅能够维持她的生活开支。

烟很努力，不愿放过任何一个进步的机会。

在小公司里，虽然人不多，但干的活却很多，经常一个人需要干好几个人的工作。烟就在这样的情况下，跟着有经验的设计师虚心学习，不断提高自己的设计水平。

直到两年前，她才跳槽去了职业生涯中的第二家公司。以前很多人不理解，明明她早已经能够去更好的公司工作，为何依然坚持在小公司里打拼。如今我们才知道，她是厚积薄发。去外企面试时，她以绝对的优势胜出，成为公司那次招聘的两个员工之一。

外企的工作更加辛苦，在高手云集的大企业里，烟也只能算得上个小透明。这两年时间里，她几乎天天加班，没有一天是十二点以前睡觉的。

其实，每一个人在刚走入社会的时候，都有类似的经历，只不过大多数人没有选择继续努力下去。工作本身就是一种厚积薄发的积累，想要随时看得到回报，怎么可能呢。

后来，在一次国外公司的招标中，烟的设计被对方看中了，并为公司赢得了年度最大的订单。烟可谓一举成名，得到公司高层的注意，随之便是顺理成章的升职和加薪。

烟说得云淡风轻，但看得出来，她这几年的努力远比描述的还要艰辛。

这个社会是公平的，只要你努力了，该是你的，早晚会给你。

认识两个姑娘，她们是大学同学，也是很好的闺密。

然而这两个姑娘却有着不同的个性，A 姑娘在大学期间也不忘学习，每堂课都没有落下，年年都拿奖学金。B 姑娘却认为，好不容易考上了大学，自然应该要好好放松一下，所以经常旷课，谈恋爱，旅行，经常跟朋友出去一玩就是彻夜不归。

A 姑娘劝她说：“你现在不用点心思学点东西，以后出去找工作一定会吃亏的。”

B 姑娘却一副无所谓的态度："只要每门课及格不就好了，能顺利拿到毕业证，将来找工作能真正用到所学的东西会有多少，还不得重新再学。"

A 姑娘劝了几次之后便不再说什么，她依然坚持每天去图书馆看书，期末的成绩稳定保持在前十。

大学里，像 A 姑娘这样的学生不多，但 B 姑娘这样的学生却是一抓一把。很多时候，我们以为多学点东西没用，多看两本书费眼。殊不知，不是没有用，而是能用到的时机还没到。

毕业后，A 姑娘凭借过硬的专业知识，被一家大公司录取，而 B 姑娘在面试时屡屡碰壁，连基本的问题都答不上来，每天只能垂头丧气地回来。

很多人觉得上帝很不公平，实际上，上帝是最公平的，因为它看得见谁在努力，谁在偷懒。

人生是永远没有办法偷懒的，它会在某个时候把你所欠下的努力还回来。

A 姑娘后来去了美国，在纽约时代广场给 B 姑娘打电话，告诉她那里有多美。B 姑娘却躺在几平方米大小的出租屋内，累了一天下班回家，饭也不想做，只觉得疲惫不堪，完全没有心思欣赏窗外的城市夜景。当然，她所住的地方也没有很好的风景可以欣赏到。

然而，此时的羡慕已经没有用了，剩下的是另一层的自责。

若是当初她也能多努力一点，如今也能与 A 姑娘一起，像曾经一样手牵手一起规划未来，一起欣赏美景。

懂得努力的姑娘，往往运气也不会太差。

A 姑娘和烟的努力都换来了更好的工作和职位，如果没有那些日积夜累的辛苦，没有坚持为梦想努力，相信他们也不可能会在机会来临时做到一鸣惊人。

如果没有努力去学习和积累，就算有人告诉你有个机会，只要做好了你就能功成名就，相信你也没有能力去抓住这个机会。因为你没有努力过，内心会彷徨不安，做起事来也毫无底气。

从无到有的过程，就是你努力的过程。

努力的人往往有自己的目标，也有自己的追求。他们会对未知的事物感到好奇，同时也向往更高层次的生活，而他们也更清楚地知道，想要过上更好的生活，去见识更大的世面，除了努力，别无他法。

我们为什么而努力？为了在买想买的东西时，不必担心自己的银行卡余额不足，为了可以去任何你想去的地方，去见识别人口中更美的世界……

把目光放远一点，你会知道努力一定不会徒劳无功。

三十几岁的你，是希望坐在宽敞明亮的独立办公室里从容地工作，还是为了几块钱的菜钱与卖菜大妈们讨价还价，或为了几百块钱的年终奖而抱怨公司制度不公？

不要等到人生有了比较之后，才来后悔自己当初没有努力。

努力不一定会让我们赚到很多钱，但一定可以让你有更广阔的见识；努力不一定会让你比别人幸运，但努力的人，运气都一定不会太差。

越独立，越性感

Live a better
life in
imperfect life

上个月去杭州旅游，顺便见了老朋友如玉，一个已经年过三十却依旧独立性感的女人。我们无意中聊到了她的婚姻生活。

如玉嫁得很好，老公是杭州本地人，家境优越，虽然比她小五岁却很宠她。按说如玉婚后完全可以安心做全职太太，然而她选择了继续在职场打拼。

她老公一开始很不乐意，希望她能够辞职回家生孩子。

如玉耐住性子跟老公谈："现在我们还年轻，没有必要过早要孩子，虽然你家家大业大，但始终不是我们自己赚的。而且你看，你娶了个这么能干的媳妇儿回家，是不是带出去特别有面子……"软磨硬泡，最后硬是把老公说服了。

我听到这里忍不住问："你老公是不是还得要你哄着。"

如玉点点头：“没办法，有时候他就是有点小孩子脾气。”

除了小孩子脾气，如玉的老公倒是十分体贴。如玉是外地人，嫁到杭州无亲无故，所以老公格外疼爱她，甚至经常在父母面前替如玉说话。

不过如玉今日的独立，也是在经历过一段失败的感情后才大彻大悟的。

如玉老家是甘肃的，二十岁那年开始做导游，主要跑新加坡路线，也就是那时候她认识M，两人一见钟情，不久之后便正式交往。

后来如玉不想两地分居，于是辞职跟着M去了河南。

在河南的那段时间里她没有工作，生活里只有M一个人。她想要跟M过一辈子，所以拿出积蓄与M一起买下一套小户型，打算安家于此。

房子被她装修成M喜欢的风格，从装修选材到设计都亲力亲为。为了买到一块M喜欢的地板砖，她倒几趟车，跟讲着听不懂的河南方言的老板砍价。

他们在一起五年，如玉每天负责M的饮食起居，早早地当起家庭主妇。

然而正当如玉幻想着与M走入婚姻殿堂时，M却移情别恋了。

得知这个消息时如玉只觉一记闷棒打在自己头上，她无法相信每天在自己耳边甜言蜜语的男人会爱上别人。M 却老实地承认，自己爱上了公司一个女同事，她温柔大方，精明能干，更重要的是 M 觉得比起家中许久不收拾打扮自己的如玉，女同事有一种独立性感的魅力。

这是如玉第一次尝到被嫌弃的滋味，她败给一个在各方面比她更独立的女人。

她在阳台上远远看过那个女人一面，她穿着一条修身的连衣裙，身材姣好，妆容精致。她还偷偷打听过这个女人在单位的情况，知道她工作能力很强，是公司销售部的骨干。

那一刻如玉突然明白，一个女人再怎么贤惠也没用，男人永远欣赏独立又能干的女人，因为她们嘴里不会只有家长里短，也不会二十四小时窝在家柴米油盐蓬头垢面。

她们因为独立而散发出来的魅力，是男人眼里最性感的吸引力。她们不需要依靠男人和看别人的脸色，她们有自己的主见和独立思想，是一个男人最理想的伴侣。

如玉和 M 分得很迅速，她本不是一个懦弱的女人，不想为了这些事再伤了自己的自尊。拿回自己买房的钱，如玉到杭州开店，后来认识了现在的老公，很快又让自己的人生重新精彩起来。

但如玉再也不愿意做贤内助，不是因为信任不过，而是不希望自己再重蹈覆辙，她更享受自己现在的状态，也知道现在的自己更值得被爱。

这次见到如玉的确变了许多。从河南刚到杭州的时候，如玉体重一度增至九十公斤，那时她完全不在乎自己的形象，随便套着宽松的大码服装就出门。

不过三年时间，她的变化超乎我的想象。

眼前的她瘦到一百斤，化着淡妆，再忙也要坚持运动和保养，也正是如此才能与小她五岁的老公看起来没有任何年龄上的差距。

能及时明白过来不耽误自己的后半生，这是很幸运的事。而我的另一个朋友就不这么幸运了。

她叫阿娟，从河南远嫁到四川，但她所嫁的这个老公并没有为她的远嫁和付出更珍惜她。

阿娟的老公在单位是个小领导，阿娟只是普通员工。在两人的关系中，阿娟是爱得更多的那个，每次争吵，总是阿娟主动忍让和道歉。有一回，阿娟实在忍不住，收拾东西打算离开，她老公竟然无动于衷，依然在电脑面前玩游戏。

我有些不解地问阿娟："他这样对你你还舍不得离开，你究竟在想什么？"

阿娟吞吞吐吐半天才说："我一个人从河南到四川，无亲无故的，如果真的离开，我不知道今后会怎样，跟他在一起除了他有时候脾气差点，人木一点，对我还是挺好的。"

我有一种恨铁不成钢的无奈，但又无法改变她的决定。

人如果知道自己的处境却仍不愿意改变的，说明她早已下定决心，若此时再劝说不仅听不进去，反而还可能起到反效果。

女人如果认为离开一个男人自己有可能会过得不如现在，或找不到比他更好的人，这已经说明她根本没有独立的意识，当然也不必去劝说和阻止她的选择。

独立更多的是由心而生，一个独立的女性，内心总是有追求更好生活的决心和自信。

她们有自己的阅历和见识，不会盲目崇拜；她们有自己的分析能力，知道经济投资的重要和社会发展所向；她们热爱生活，会养生会美容，永远保持最佳的状态。

这样的女人，本身就是一个完整的个体，柔中带刚，独立而自信。对比起完全没有共同语言，只会唯唯诺诺的女人，如果你是男人，你会选择谁？

那些整天围着男人转的女人，之所以被男人厌烦，是她们给别人和自己制造了道德枷锁，她们以为就算一个男人不在乎她，但看在她的付出和卑微的份上也该珍惜和不离不弃。

自己不愿追求新生活，不愿独立和强大起来，却又强烈希望能够得到别人的认可和推崇，就只能永远活在自己所幻想的幸福计划里了。

好在现在不少的女人都能清醒地意识到，男人不是永远可以被依附的，我们的世界也不能只有厨房到菜市场这么大。

不管这个社会再怎么发展，也有很多女性的思维被禁锢着。面对枕边风似乎很容易就耳根软下来，所以也永远无法做到真正放下，去实现自我价值。

放下是需要勇气和决心的，也需要承受不被理解的压力。如果做不到第一步，自然往后的一百步，就会更加艰难。

独立的女人，就算到了八十岁也性感。因为一个女人，只有独立才可以拥有为自己而活的魄力，才能拥有真正的生活情趣，才能给身边的人带来美好的能量。独立，是爱自己的第一步。人，只有自爱，才能被人所爱。

职场不相信玻璃心

Live a better life in imperfect life

闺密最近向我吐槽："现在的大学生真是越来越矫情了。"

我问她何出此言。

闺密说他们部门最近来了个实习生，刚毕业，各方面条件都很优秀，惟一的缺点就是有一颗玻璃心。

这个新来的实习生叫阿莉，简历上写得十分丰富。毕业于名校，大二就是学生会的副会长，校内校外各种兼职，而且还一直坚持做义工。

实习生被分配到策划部，由闺密亲自带，刚开始，闺密对阿莉印象非常好，觉得这是一个前途无量的姑娘。

公司里因为工作需要，所以需要加微信，闺密也因此而加了阿莉，但没聊过。闺密很少会在生活中讨论关于工作的事，只是她有一个爱好，关注很多跟行业有关的公众号，如果看到好的文章或者与职场相关的都会顺手转发一下。

但正是因为如此，闺密发现最近有一个微信号经常各种对号入座地留言。她好奇地点开这个微信号，发现竟然是阿莉。闺密发现阿莉很在乎自己在职场中的发展，只要闺密发的一些跟职场新人有关的，阿莉总会跑来评论。

可是这些评论大多是这样的："这个跟我好像啊，XX 姐你不会说的就是我吧（哭脸）。""职场新人想立足好难啊，XX 姐你要好好教教我啊（无奈脸）。""难道职场真的像是斗宫剧吗，新人该怎么生存啊（大哭）。"

最开始闺密还会笑呵呵地回复，但后来发现，阿莉并不是以一种开玩笑的心态，而是十分认真地把自己带进去了。闺密也就不敢再多嘴，害怕伤了阿莉那颗脆弱的玻璃心。

闺密之所以会这样，是因为有好几次她都在卫生间里碰到伤心哭泣的阿莉。而她哭的理由几乎都是因为工作上的错误受到指责。一点小指责对于一个职场新人来讲再正常不过了，值得这样伤心欲绝吗。

闺密撞见过几次，头一两次还好心安慰，到后来索性选择了无视。

我问闺密："你这样做是不是有点残忍。"

闺密一脸无语："残忍？你不是不知道职场的规则，不对她残忍就是对自己残忍。她是我带的，她的工作没做好，老板会来责怪我，客户那里也交代不了。没有人会因为她是新人就无条件地给机会，老板不会，客户更不会。所以她自己要学会承担后果，拥有强大的内心才能在职场里生存下来。”

闺密这样说不无道理，刚入职场的新人确实需要强迫自己快速去适应职场规则。闺密也算职场里的老将，见过许多钩心斗角，也被人在背后捅过刀，甚至曾被客户很不客气地指着鼻子骂：“都工作几年的人了，竟然还这么不专业。”

用闺密的话说，经历得多了，也就麻木和习惯了。只有把自己修炼强大，才有可能去面对这个只问结果不讲感情的世界。

朋友素英最近与另一个同事竞争部门主管职位。素英进公司三年，业绩突出，表现良好。无论是管理还是业务能力，都是主管一职的不二人选。

然而临近调任之时，素英却接到通知，需要跟另一位刚进公司不久的员工 PK。这个员工是老板亲戚，也就是所谓的关系户。同事为素英打抱不平，就连我们几个朋友都看不下去了，甚至有人劝她干脆离开公司。以她的资质和才干，到哪里都不愁。

素英并没有听从别人的鼓动，反而积极地准备竞职演讲，可结果依然落选了。同事们都不敢多问，害怕她会难过。可她却像没事人一样，照样该干吗干吗。临下班时，那个刚被任命的部门主管沉不住气问出心里的疑问：“你就一点也没有不高兴？”

素英看着对方小人得志的样子，淡淡地说：“不管能不能当上主管，我的能力都是有目共睹的，反倒你应该好好想想，以后怎么来管理好这个部门。”

短短的几句话就让对方张口结舌。

我们都以为，强势的人会没人缘，让人产生距离感，又或者被孤立。事实上，现在内心强大的姑娘活得一个比一个好。

正因为内心强大，所以她们不怕别人说三道四，努力自我增值，活得洒脱恣意。因为内心足够强大，别人的议论对她们来说都是毫发无伤的，就算是有，也能被她们很快消融掉。

如果别人稍微对你指责或表现出不满，你就慌了手脚，完全没有心思好好工作，一心想着怎么挽回别人对你的好印象，那你还有多少时间和精力放在工作上？

很多企业的女老总和老板们，她们恨不得一天把二十四小时当四十八小时来用，怎么可能会有时间去考虑别人怎么看自己，又或者仅是为自己说错的一句话去自责上半天。

强大的内心是遇强则强，遇弱则弱。内心强大不是一味的包容和隐忍，是要懂得，何时出手，何时该沉默。

成长环境顺遂的姑娘，尤其容易拥有玻璃心。

从小被家人呵护，朋友照顾，谈个恋爱也能在男友那里寻找到安慰，公主病和玻璃心与日俱增。一旦遭遇点小挫折，就要怀疑人生。

二十岁的姑娘有一颗玻璃心，也许会被认为是一种可爱，但到了三十岁还有玻璃心，就难免显得矫情了。不要明明自己会的非要假手以人，以示自己身躯娇贵；不要动不动就哭得梨花带雨，以示自己内心脆弱承受不了外界的打击。

虽然不一定要你成为女汉子，但把你生活中的柔弱弱娇滴滴放到工作中真的不适合。你看很多女强人，哪个不是走路带风，气场十足，因为在职场上，没有人会为你的无能和玻璃心埋单。

你可以撒娇，也可以偶尔矫情脆弱，但更多的时候，你得学会豁达坚强。

我们老说女性要独立自强，这与强大的内心是分不开的。只有丢掉玻璃心，女性才有可能在职场打拼出一片天。

把所有的时间
都用来做好一件事

Live a better life in imperfect life

很多人觉得做好一件事很容易，实际上很难。因为需要你全身心地投入，遇到任何挫折和困难，都必须勇往直前。

仔细想想，我们这一辈子，究竟有没有认真做好过一件事？

朋友的朋友是一个画家，通过朋友介绍，我有幸去看她的画展。

有一次展览结束，我们一起吃饭。席间聊起来，我们都很好奇她是怎么走上绘画这条路的。

她笑了笑，开始说起自己的故事。

在她念小学三年级的时候，有一天父亲带回一盒彩色笔，从此她便爱上了色彩的世界。

画画在她的工人父母看来只是一种浪费时间的事，母亲曾不止一次撕掉她的画纸说："画画能当饭吃吗？"

她委屈又难过，事后又藏起画纸来偷偷地画。

小时候她家住在筒子楼里，一家三口挤在十几平方米的小房子里，每天她做作业都得搬上小凳子去院子里，画画就在院子里一张简易的乒乓球台上画。画纸、画笔之类的工具都是她偷偷省下零花钱和早餐费买的。高考那年，她偷偷报考了美院，结果录取通知书送到家里的时候，被母亲一把夺过去撕掉了。她又从垃圾桶里捡起来，一点一点拼贴好。

大学毕业出来，她没有去找工作而是自己开了工作室。一开始因为缺少资金，所以就把自己租的房子作为临时的工作室。她说自己的第一单生意几乎是赔本的，因为不了解行情，对方又嫌自己的画太抽象，于是画了一遍又一遍……

后来吃完饭回家的路上，朋友说这个画家的画如今一幅最高卖到二十万，也算是小有所成。当有人问她成功的秘密是什么，她却总是轻描淡写："把所有的时间都用来做好一件事。"

人的一生总是在不断面临选择，这些大大小小的选择决定了我们一生的命运。是成功还是失败，都取决于最初的选择。

我的一个朋友，是个很没主见的人。

高考填志愿的时候，她本来想选自己喜欢的英语专业。但她父母一直在耳边游说她，说会计行业需求率高，将来工作好找，虽说不能赚到大钱，但至少能保障衣食无忧。

朋友听着觉得有理，于是报了会计。但等念了大学后才发现，她一点也不喜欢这个专业，她觉得有挑战性的销售工作不错，而且做这个行业不仅有前途，还能见识到更多。于是她偷偷地改了专业，可当她转了专业后又听到很多该专业的同学说，这个专业一点也不好，每天累死累活的，除了看人脸色，想要混出头不知道要等到猴年马月。

这一次，朋友有些慌了。她本身就没有什么主见，一听到不同的意见就左右摇摆。

她找到我们帮她拿主意，因为她实在担心自己毕业之后会沦落到去做个推销员的地步。

其实在进入社会之前，谁也不敢拿着自己的前途开玩笑，所以我选择先问问她自己的想法。结果她只是摇着头说："我从小到大都听爸妈的，现在我改专业的事都没敢跟他们说，哪还敢回去问他们怎么办？"

"那你自己喜欢什么呢？"我问。

"不知道啊，感觉什么都可以，但感觉什么又都做不了。"她很诚实地回答，一脸茫然。

“既然这样，你为什么不先了解清楚再作决定呢？我觉得，不管是什么行业都需要你用心去做，只要你有做好一件事情的决心，相信不管什么行业你都能做出成绩来。”这是家中某位长辈对我说过的一句话，我受益颇深，所以想借用来鼓励朋友。

朋友认真地想了两天，后来很郑重地对我们说：“我决定了，以后我要当个老师，所以我打算去考教师资格证了。”

现在，她每天被一群调皮捣蛋的学生折磨得欲哭无泪，却也觉得很满足。前不久，她当班主任带出的第一批学生有一半都进了重点高中，她感觉人生终于找对了目标。

她说自从当了老师之后，每一天的感觉都是那么充实和满足。以前总是害怕自己什么都做不好，所以干脆什么都不做了，但没想到真正用心去做了，往往结果都不会太差。

不管做什么，最怕的是还未开始就先给自己打了退堂鼓。朋友虽然只是没有主见，但最糟糕的是她一开始根本没有打算去努力的想法。在这个时代，人们更相信的是有志者事竟成，而不是时刻把“臣妾做不到”挂在嘴边的人。

你的思想影响到你对待工作和事业的态度，最终决定你的成败。

有人把自己的一事无成归结为太忙，没时间，其实不过是忙了太多没有用的事情。在决定做一件事之前，首先要找准目标，精准舍去，如果是能力之外的，能舍就舍，尽可能地不做无用功。

永远不要做一个样样会，却没有一门通的人。因为做事如做人，需要全力以赴。

生活中，很多人不知道自己该干什么，所以就这样学一学，那样试一试，以此来确定自己应该要选择一条什么样的路。这也不是不可以，但人的精力本身是有限的，这不是一条最高效可行的道路。

把犹豫不决左右摇摆的时间和精力放在做某件事上，不久的将来说不定都已经直接可以见到成果。

当你为眼前的一点小困难想放弃，又或者抱怨自己工作辛苦时，你有没有想过你正在远离自己的小目标，而别人已向梦想又迈进了好几步。

都说现在的房价贵，但依然有很多人在三十岁之前凭自己的努力买了房。也有人说自己每个月工资太少，月月吃土，但依然有人拿着高薪，一个心血来潮就出国 shopping。

抛开拼爹的不说，你有没有想过，同一条起跑线上跑赢你的，都是那种用心生活用心做事的。

静下心来吧，我们不必好高骛远制定遥不可即的目标，但必须要有过好当下，做好眼前事的态度。咱们不拼爹，可以拼努力和专注。

迈出了第一步，专注于你脚下的每一步，山顶还会遥远吗?

做个聪明的“笨女人”

Live a better
life in
imperfect life

过去说到某个女人很聪明，可能被认为带有某种贬义。潜台词是此人心机重，手段多。

其实随着现代人观念的改变，我们会发现，在生活中，有智慧的女生其实更受人欢迎。

大二放暑假时，学校里不知道是谁带的头，兴起把笔记本电脑一起收集起来寄存。这些笔记本由一个人做担保，另一个人来保存。

热心的舍友梅子回来找我们商议：“要不我们也把电脑存了吧，反正带回家也麻烦。”

因为我要写稿，便拒绝了。她又鼓动其他人一起，阿霞比较谨慎，问了一句：“安全吗？万一丢了谁负责。”

梅子拍着胸脯保证：“放心吧，我男朋友他们上学期就找他们寄存的，反正我是打算寄存的，背回家实在太累了。”

有人动心了，但谁做担保人是个问题。

梅子提议：“要不室长来吧，反正你是我们的老大。”

室长是个北方姑娘，叫阿雪，因为比我们年纪都大，被我们称为“大姐”。平时做事很有担当，也没少照顾我们，然而这一次阿雪却不说话。

梅子见阿雪不开口，又鼓动别人一起去说服阿雪来做担保人。但不管梅子怎么说，阿雪都是一副打太极的态度，搞得梅子想生气却又不好发作。

最后因为是梅子自己提起的，她本身又好面子，于是就自己做起了担保人。宿舍里除了我和阿雪，其他几个人的电脑全部交给梅子找人寄存。

结果到了开学时梅子却找不到寄存电脑的人了，她急得报了警，警察说想找回来很难。这一次，连同她男朋友宿舍里的人一共损失近三万块。

梅子急得大哭，每天不是到处找人问线索，就是在宿舍里以泪洗面。大家见她这样也不好意思责怪，只说按折旧费赔偿就算了。

但不算梅子的钱，宿舍其他人的电脑加起来最少也是近万块。梅子家境并不好，要向家里开口要这钱比登天还难。

在赔偿问题上她拖拖拉拉，始终给不出一个结果。最后一个室友怒了，完全不顾面子拉着梅子问：“当初你说得好好的，说肯定安全，我们就是因为信任你才会寄存的，现在出了事就想不管吗？”

梅子被逼到没办法，和那个女生大吵一架，两年的室友感情也因此破裂。

因为这件事，毕业多年，每次同学聚会梅子和那个室友总会缺席一个。

后来我问阿雪为何当初她不愿意去做这个担保人，阿雪笑了笑说：“我知道你们的想法，也许会觉得我很精明或者自私，但我只是不想给自己惹麻烦而已。没把握的事，没必要去逞强。”

的确，仔细想想当时如果是阿雪做担保，估计吃力不讨好的人就是她了。

有时所谓聪明，未必是精明自私而只是目光比别人长远。像这种里外都不是人的事情，谁做担保人，吃亏担风险的就会是谁。可如果当时去劝阻梅子，又会被认为是小心眼，反而被误会，所以闭嘴不吭声才是聪明的做法。

我有一个朋友，无论在事业还是家庭方面，都经营得非常好。朋友跟她老公是同学，交往快十年才结婚。婚后她又过了三年才要的孩子，但婆家没有一个人催过她。

相比那些跟婆婆相处一个月就鸡飞狗跳的女人，朋友真的算得上是教科书了。

前不久她刚生了孩子，我去医院看她，结果一进门就看到一群人围着她。一问才知道，全都是公司同事下班后一起约着来看她和宝宝的。

等人都走了之后我才打趣地说：“估计就算你们老板住院也未必能这么人齐吧。”

朋友笑着说：“还好啦，做人嘛，学聪明点就好。”

公司是八卦的集中营，很多时候这点恶趣味甚至成了同事之间维系感情的惟一纽带。完全置身事外，感觉太不合群，加入八卦大军，很多时候未必符合你的本性。

在这方面，朋友一直有自己的底线。她偶尔也会参与讨论，但从不深入点评，也从不在背后讲人坏话，让人无从挑刺。

而私底下大家口无遮拦的议论，到了她这里，基本就是流言终结者，绝对不必担心她会对外传播。当然大多数时候，她会把别人花费在八卦上的时间用来努力工作。

如此知趣而妥帖，不难笼络住人心。

聪明的女人往往活得很通透，识时务，懂分寸。

所谓聪明，不是什么便宜你都能占，什么亏你都不会吃，而是体现在为人处世的方方面面。与人沟通，知情晓理，别人的难处不必点明，你就能懂，并不动声色替人解围；在公司里，不与人传话，不背地里评点他人，更不在众人面前逞强出风头。

其实有很多女人，不是不够聪明，只是没有把聪明用在实处。

女性天生有一种本事，就是犹如一枚铜钱，既能圆又能方。

懂得有所为，有所不为；有魄力据理力争，却也懂得在适当的时候主动服软；有原则，却也知人情；这才是真正的女性的智慧和力量。

有一种说法是，笨笨的女人最可爱。这里的笨，不是低智商低情商的真笨，而是大智若愚。懂得以退为进，以柔克刚，是一种聪明的“笨”。

做一个聪明的女人，带着智慧去和世界和谐共处，不为取悦任何人，却无意中如春风化雨，滋润了身边的人。

大概，没有人不爱这样的女人。

比美貌更重要的，是涵养

Live a better life in imperfect life

自古以来人们都认为，女人的美貌是一张通行证。长得好看的女人天生有一种优越感，在任何行业，任何场合，她们都会光彩夺目，自信满满。

然而，我们却忽视了一个女人的风度涵养是比美貌更重要的事。

前同事小雅跟我聊天，说起最近的遭遇，郁闷不已。公司来了个漂亮的女大学生，年轻貌美，不少人都很喜欢她。公司好久没进新人了，好不容易来了个让人如沐春风的姑娘，让每个人都感觉有了新的活力。

然而相处没多久就发现，这个漂亮的女生有个毛病，就是很爱计较。新来的实习生往往都不会先安排太多重要的工作，一般都是做些琐事，以便熟悉公司的业务。

但这个女生对于做这些琐事往往显得极不情愿。比如有同事让她帮忙送个文件，或者跑个腿什么的，她都表现得很不乐意，并且很直接地说：“这次我帮你，下次你就自己去吧。”

听到这话，对方自然特别郁闷。其实一般的实习生都是先从这些基础工作做起的，不但可以与同事搞好关系，更是熟悉公司环境的最好机会。

偏偏只有她，总一副避之唯恐不及的态度。

而且她不仅说了，还真正做了。有一天小雅有急事请假回家，临时有份文件需要赶出来。于是找到这个女生，希望她可以帮忙。

结果她并没有理会小雅的请求，嘴里念叨着：“你为什么不先把工作做完再请假呢，何况这本身就是你的事情，非要我来帮你，万一出了什么差错，后果谁来承担？”小雅郁闷得不行，那天她请假是为去接从老家来的父母，这个女生不但不帮忙，反而还“教育”起小雅做事要分先后，不能因为私事耽误了工作。

后来另一个同事实在看不下去，帮小雅把工作接了过去。

小雅说起这事，还对女生当时的态度愤愤不平，这哪是一个实习生该有的态度啊。

我笑着问小雅：“那这个女生最后是自己走人的，还是公司辞退的？”

小雅一听，更郁闷了。

这个女生来实习了一个月，还什么都不会，却理直气壮地跟上司理论，说公司没有同事愿意教她，所以才让她白白浪费了一个月的时间。

小雅是公司的HR，领导正好把这事交给小雅来处理。小雅向女生提出解聘合同时，女生立马又哭又闹，大声嚷着说公司欺负新人，不给新人机会等。小雅只好公事公办，连客气话都懒得跟她说。

没有职业操守也就算了，做人基本的风度要有，否则光凭一张脸，到哪里都是很难混开的。爱美之心人皆有之，人们对漂亮女生总是不由自主地愿意多给一些宽容和忍让。但这不能成为你不懂事的挡箭牌。

我的朋友当中，有一个品貌出众的女生S。

S的父母都是老师，从小对她在礼仪方面的教导就十分严厉。比如吃饭的时候不能出声，坐姿要端正，不可以跷二郎腿，更不可以抖腿，见到长辈一定要先打招呼，遇到熟人不能假装没看见等。

正因为父母的严厉教导，S从小到大都谦虚有礼，为人处世大方得体。在我眼里S完全是个标准的大家闺秀。

不过优秀的姑娘总是容易招人妒忌，S也不例外。上大学时，她交往的男朋友正好有另一个女生也很喜欢。S一开始并不知情，但有一天那个女生居然公然找上门来，对着S破口大骂，说S是因为耍手段和心机才抢走了那个男生。

S蒙了，那个女生专挑晚上人多的时候过来挑衅，意图很明显。同宿舍的人欲为S出头，被她拉住了，她十分淡定地听完对方的辱骂，一句也不还嘴。

女生见她无动于衷，反而恼羞成怒了，想冲进去打S，这下触到了S的底线。她把刚洗完头的一盆水直接泼了过去，大家都惊呆了，包括那个气焰嚣张的女生。最后，那个女生十分狼狈地走掉了，虽然嘴上还是骂骂咧咧心有不甘，却知道S不是个任人揉捏的包子了。

在这场骂战中，很多人都觉得S太吃亏了，明明是占理的一方为何还要忍着什么都不说，S笑而不语。

隔天，男友找到S道歉并解释说那个女生一直喜欢他，可他已经多次拒绝，只是她仍不死心，没想到还找到S大闹。男友这次终于放了狠话，表示永远不会再理她。

正是因为S的从容淡定，她在这场骂战中未发一言，却让所有人心服口服，同时她不是一味退让，当女生得寸进尺的时候，她的反击也让那个女生知道了她不是好欺负的。有风度，也有分寸，这一仗，赢得漂亮。

如果S一开始就加入了骂战，后果可想而知。原本有理变无理，淑女变泼妇，男友也未必会支持自己。

现代女性，社交生活越来越多，很多场合都需要展现出一个女人的风度。

比如你去见客户，对方如果玩笑开过了头，你立马甩下脸来，场面肯定会很尴尬。但如果你是一个很有修养的姑娘，懂得四两拨千斤去化解困局，就能做到既保护了自己，又不得罪对方。

以前的大家闺秀是大门不出，二门不迈。所谓女子无才便是德，无论嫁人前还是嫁人后，过去的女人能够展示自己风度的场合实在太少。在那个时代，女人几乎没有舞台，大度还是小气，计较还是宽容，都显得无足轻重。

然而，现代女性，无论事业还是生活，都要撑起半边天。这时候，女性的修养，显得尤为重要。

实际上，比起虚有其表的美女，那种内涵修养都让人折服的女人，反而更值得欣赏。

我见过不少高学历高收入的“白骨精”，平时看着修养不错，一旦与人发生冲突，就瞬间爆发洪荒之力，沦为街边泼妇。

虽说现代女性在职场打拼，没有一点彪悍作为底子很容易受到欺负。但遇到问题时，如果能够用心平气和的方式去解决争端，才更令人信服吧。

在工作中与同事计较，只会失了人心，顶多不讨人喜欢，交不到真正的朋友。但若在家里也是如此，长此以往，你的另一半难免会感到心力交瘁吧，感情也容易出问题。

好修养、格局大的女人，不管什么时候，转身过去，都有另一个开阔的世界，而只靠年轻美貌打天下的女人，有一天，容颜老去，还剩下什么?

不想做穷人，就先摆脱穷人思维

Live a better life in imperfect life

现代女性，有不少已经开始实现经济独立，甚至在富豪榜上，近年出现了不少女富豪。

靠自己的努力过上优裕的物质生活当然令人向往，问题是，有很多女人，既不想做个穷人，又无法真正摆脱穷人思维。

有一次逛街碰到一个以前的朋友，于是便结伴一起逛。

我们在珠宝店逛了一圈后，看中一个款式很别致的钻石吊坠，我很喜欢，问过价格后便打算刷卡。

结果这个朋友却拉住我说：“天呐，你疯了吗，这么贵你要买？”

我点点头：“是啊，难得看到喜欢的，当然买呀。”

朋友在我刷卡时还在一旁继续说：“你也太不会过日子

了，你老公不管你吗，这么贵的吊坠又不能拿来吃，过几年说不定还得降价。”

由于有外人在，我不便与她争论什么，可我不禁想到几年前的她。我们曾在同一家公司共事，那时候她是公司里最优秀的实习生，工作能力突出，前途无量。

问题是，她家境不好，从小到大家里都告诉她钱不能乱花，所以导致她个性比较抠门儿，不管是对同事还是客户，她总是先考虑自己的利益。

时间长了，同事见她这样都不怎么愿意跟她交往，客户那边也常常因为一些小利润跑单。

我曾提醒她，不管是对同事还是客户，大方一点总是有好处的。

但她却很不当回事，甚至认为我的说法有问题，她说：“同事之间如果因为钱才能友好相处的话，那也太势利了，而且客户那边，如果退让利润，我自己最后得到的提成会减少，还不如不做。”

结果到最后，她的业绩越来越差。几年之后，她换了好几家公司，却还是一个拿着几千块钱的小员工，没存下多少钱，也依然没有改变自己的思维。

都说“越穷的人越没钱，越有钱的人却越不在乎钱”，这话不假。

我身边的一些有钱人不管是买东西还是对待别人，都很大方。当然她们并非是要炫富，而是在她们的思想里，能用钱解决的问题，绝对不浪费时间。

前几日与朋友若水聊到现在的社会精英与普通人最大的差别是什么，她的观点是思维。若水不算土豪，但也是那种买房只会考虑地段而不考虑价格的人。

若水因为家里条件不错，所以家里从小就让她学着理财。小时候她并没有多少概念，只觉得有钱人都一个样，奢侈，很豪。但长大后，她的思维开始转变，更多的是觉得，有钱人珍惜时间，喜欢有价值的投资，自然他们才能做到花起钱来毫不犹豫。

若水有一个同学，大一就计划着创业，大二的时候公司得到第一笔融资，大三到大四这两年，她已经把公司运作得很好，市值也增长不少。

也许人是需要耳濡目染，才能打开思维的。若水身边创业的人很多，所以她自然也选择了创业，开的是电商公司。

当她准备开公司的时候，她的一个同学却跑来劝她说："你还是找一份工作好好干吧，凭你的才能，将来一定会大有作为的。"

若水不喜欢被人泼冷水，于是回道："你怎么知道我创业就不会大有作为呢？"

那个同学开始给若水算账："你看，现在你还是学生，创业需要的钱肯定都得问家里要，七七八八加起来，最少也是好几万吧，再说了，公司需要周转，也需要钱，如果你是富二代我也不说什么，你爸肯定有钱给你打水漂。但你说你家也只是比普通家庭稍微好一些。那你这样，完全是在给你的父母增加压力，而且我觉得你去社会上闯荡两年，有了经历和人脉再来创业，说不定成功概率更大呢？”若水对同学的话只认同一半，创业和人脉资源的确有很大关系。但她也绝不认同，创业需要等到天时地利人和，有时候等一切都准备好，机会却没了。

若水创业的钱并不是向家里要的，而是自己存下来的钱，她租了一间小房子，公司就算开张了。

若水在十几岁的时候，就已经有了对未来的计划。她不喜欢寄人篱下的打工生活，早早地就在父母的帮助下开始储备创业基金，奖学金，压岁钱，还有自己兼职所赚来的，当她取出来的时候发现还真不是一笔小数目。

其实有钱人的思想和行为都会影响到自己的下一代。

不管是在职场里做到高管位置，还是自己创业当老板，都有机会摆脱穷人的生活，但你能不能真正摆脱穷人思维呢？

若水的小公司一开始很多人都不看好，不是认为她在浪费钱，就觉得她是小打小闹，不可能做大。不过最后她坚持了下来，现在已经是有着几十个员工的公司，年销售额也早已是八位数以上。

很久之前我觉得，很多有钱人比穷人还要抠。但现在发现，有钱人不是抠，而是对于他们来说，每花一分钱都需要花得有价值，这是他们的经济思维决定的。

穷人的思维也很局限，他们对报纸上的报道，或者社会上的传言深信不疑。比如有人说创业有风险时，他们绝对不会冒着风险去创业；还有人说，银行里存钱不安全，很多人就会把钱藏在自己家里，最后因为各种原因而造成损失。

钱在有钱人的手里，才能得到最好的利用。因为他们会让钱灵活运转起来，从来不会把钱摆在那里等贬值。自然有钱人的胆识、眼界和长远的分析能力，也是穷人所不及的。

在穷人的思维里，穷是因为命运不眷顾，穷是因为运气不好，穷是因为社会需要有穷人的存在，才能凸显有钱人的能力。

求安稳和长乐，是穷人固有的想法。他们不愿意担起风险，更不愿意经历破产或者一无所有的惨境。看到有钱人股票跌了，公司贬值，或者品牌受创，他们更多的是幸灾乐祸，而不是会想别人会用什么方法来解救，如果换作自己又会怎么办？

人一旦给自己固定上穷人的标签，可能就会一直心安理得地穷下去。

在有钱人的思维里，永远不会有心安理得。他们时刻都在关注世界的变化，也在不断学习和进步，他们的神经永远在待命，大脑也无时无刻不在转动。

很多女生都信奉嫁个有钱人改变自己的人生，“嫁个有钱人就等于二次投胎”的这种说法成为许多人的座右铭，但骨子里的思想还是贫穷的。因为她们是在等着别人施舍，等着别人的救济。这就跟一个人总把一夜暴富和买彩票中大奖，当成人生目标一样。

如果是抱着这样的想法，也许会一直穷下去，更不可能会让自己真正地成为有钱人。想要真正摆脱贫穷最好的方式，是你首先要学会摆脱穷人的思维。

对自己越狠，就越功

Live a better life in imperfect life

前两天看到一个新闻，说的是一个网红年赚四千多万美元，远超娱乐圈的明星们。长得漂亮还这么能赚钱，实在令人羡慕。

现在的美女确实都很能赚钱，但这并不是因为她们天生就有高于常人的经济头脑，既懂理财又会投资，而是她们都舍得对自己狠。

我以前认识的一个客户，是个既能赚钱，又颇有才干的美女。

她并非出身有钱家庭，她的父母都是工人，但她从小到大都有一个信念，就是想要成功，必须对自己够狠。

按理说，她长得不错，追求者也众多，随便挑选一个结婚，都能让她过上理想的生活。然而她并没有这样做，而是选择自己去奋斗。

她毕业后先是进入一家做食品销售的公司，做文案和标签设计。做了一年之后，她放弃了升职，转而进了一家时尚杂志做编辑，干起她喜欢的事情。

她用几个月就做到杂志最优秀的编辑，两年后升职做到总监，年薪七位数。但她的付出是每天睡觉几乎不超过六个小时，经常出差，家人想跟她吃一顿饭都需要提前预约。但在这期间，她坚持读研，报了英语培训班，把英语八级过了，每天夜跑，看大量的书和时尚杂志，还把关注的公众号里每天推送的优秀文章都看一遍。

当我问起她为何这般拼命时，她笑着回答："我这还不算什么，你不知道这个行业的竞争有多大，如果写不出好的稿子来，随时都可能会被人顶替。这个社会上，越是光鲜的职业，越有着常人所想象不到的压力，你以为时尚编辑就是每天穿得漂漂亮亮去看秀，去采访那些漂亮的模特和优秀设计师吗？"

这就是一个成功者的心态，他们永远不会觉得自己的努力足够了，也不会以为自己足够优秀，不需要再进步和努力了。

狠只是他们的日常生活，甚至是一种习惯。在他们所追求的世界里，精神上的满足远远超过物质满足。就算他们足够有钱，能让下半辈子都衣食无忧，他们依然会选择工作，选择继续奋斗。

我的另一个朋友子琳，也是一个对自己特别狠的女人。

子琳是外贸公司里的业务经理，平时很忙，经常需要半夜跟客户沟通，有趣的是，她也经常半夜在群里发消息问我们要不要一起吃宵夜。

她是个开朗外向的人，即使再忙也会抽出时间来跟朋友见面，虽然很多次饭吃到一半就走了。她时常说："生活里不能只有工作，我也不能只为了工作而活吧。"

但事实上，子琳从怀孕到生孩子，只休息了三个月的时间。在生孩子前一天，她还在公司里处理业务，半夜里突然肚子痛，她本想坚持到第二天早上，但实在痛到不行，才叫醒她老公。

她老公飞车把她送到医院，逼着她放下手里的工作好好养胎。不过第二天子琳就选择了剖腹产，一是孩子已经足月，二是宫口已经开了，然而痛了一天也没有要生的迹象，子琳果断选择早点把孩子生下来，她老公也只好同意。

以前因为子琳经常出差，她老公还和我们开玩笑说，得向子琳收空床费。好在子琳的老公十分支持她的事业，甘心退居二线把更多的时间放在家庭上。

子琳的孩子刚过百天她就去上班了，我劝她："孩子还这么小，你难道不能多花一点时间陪他吗，而且你忍心把这么一个嗷嗷待哺的小宝贝扔在家里？”

子琳说：“你知道我怀孕的时候多少人盯着我的位置，就是希望我赶紧回家生孩子好早一点替代我。不要说我了，现在我们公司好几个三十好几的女员工，结婚几年了都不敢要孩子，她们难道不知道早一点生孩子的重要性吗？她们不是生不起，而是不敢生。”子琳的话让我哑口无言，是啊，如今这个时代，女人难当，成功的女人尤其难当。

很多人认为，那些做网红的挣钱太容易了，只要在直播的时候卖卖萌，装装可爱，发发嗲，就能得到土豪们的重金赏赐，却不知她们每天在电脑前需要带妆坐上十几个小时。为了保持身材和美貌，她们选择节食和整容，只是为了能得到更多人的喜爱。

没有人的成功是白来的，你只看到人家人前的风光，看不到他们人后对自己的狠。说句玩笑话，如果你能对自己狠到人神共愤的地步，你就算成功一半了。

学生时期，我曾有一个成绩特别好的女同学，几乎每天课间休息时间都在睡觉。但后来听说，她每天下了晚自习回家都会看书，据说是因为凌晨的时候，人的记忆力是最好的。

可她就算每天凌晨看一两个小时的书，第二天早上六点半的早操，她都从来没有迟到过。所以说，这个世界上没有免费的午餐，辛苦奋斗的人永远比好吃懒做的人多。

不成功的人，总是拿“太忙就没时间去体会生活的乐趣”“晚睡寿命会变短”“女人还是要爱自己一点，不然男人就变成吃软饭了”之类的话来安慰自己，当成自己不愿意发愤的借口。

实际上，这种心态是自欺欺人。

谁说对自己狠就是不爱自己，谁说自己有能力就只能找到软饭男?

恰恰相反，优秀的女人眼光都很高，所以一般男人不一定能高攀得起，她们的层次也不会允许自己嫁给一个不求上进的人。所以，她们的另一半通常是比她们还要优秀。

在成功的这条路上，总有一些不为人知的心酸过程，只是有人不愿对外人说，有人喜欢有点成绩就沾沾自喜。可不要忘了，当你沾沾自喜时，有人已经后来居上，超越了你。所以时时刻刻，都不要在奋斗的路上停下来，在你还不足够成功之前。

舍得对自己狠的姑娘并不是不懂得心疼自己，反而正是她们知道，此时心疼了自己，将来就会更加对不起自己。

03

不以物喜，不以己悲

Live a better
life in
imperfect life

你真的有必要
讨全世界喜欢吗

Live a better
life in
imperfect life

被朋友拉进一个群，里面大多是儿时的伙伴。刚进群就看到橙子在群里发问，好像是最近去相亲，喜欢上了相亲对象，希望大家帮忙拿个主意。

众人七嘴八舌，对这件事十分热情。橙子也很大方地分享，细枝末节都毫无保留，末了还问了一句：“你们觉得他会喜欢我吗？”

橙子是跟我从小玩到大的，以前关系不错。她给人的印象是个温柔贤惠，对人很好的姑娘。就是有些敏感脆弱，常被别人的无心之言伤到。

她见我没说话，有些小心翼翼地问：“说说你的看法好吗，你觉得他会喜欢我吗？”

她还是像以前一样，总是渴望身边的人都关注她。但我对于相亲类型的恋爱，实在没有经验，于是问道："那你自己心里怎么想呢？"

橙子似乎很犹豫，过了一会儿才说："我就是不知道才问你们啊，我就想知道他对我感觉怎样，不合适没关系，但希望不要讨厌我。"

橙子说，自相亲回来后，对方一直没有主动联系过她，彼此加了微信，但也是橙子主动打招呼，对方只是简短客套地回复。她感觉自己年龄不小了，好不容易在众多相亲者中遇到一个好感度不低的人，不想错过，又不敢太主动。可过了一个礼拜，对方似乎还没有联系的意思，橙子有些着急，才想到找我们出主意。

"那如果他不喜欢你，你打算怎么办呢？"听她说完，我问道。

"我不知道，你觉得他会因为什么不喜欢我呢？是我长得不好看，还是个性不够温柔，还是觉得我工作不好，收入太低？"

说实话，看到橙子如此纠结，我真想直截了当地问她，你真的有必要去讨他喜欢吗？

以前，橙子就十分在意别人对自己的看法，恨不得让全世界的人都喜欢她。

如果她想找人聊天，对方半天没回消息，她便会坐立不安，脑补是不是自己什么时候得罪了对方，或是哪句话说错了；和她出门逛街，看到一件好看的衣服，但价格有些小贵，本打算砍砍价，结果遇到很神气的售货员说，“我们家的衣服不接受议价”。橙子要么拉着我们赶紧走，要么立马妥协，还对别人说句“不好意思，帮我包起来吧”。因为她担心对方会看不起自己。

她时时刻刻都在关注周围人的脸色，稍微感觉对方有情绪变化，都会当成自己造成的错。

以前我看不下去，也劝她说：“其实你没有必要这么处处考虑别人的感受，人家就算是因为你不开心，也不是你一个人的问题，你还能让全世界的人都喜欢你不成？”

橙子辩解：“我就是不希望别人不喜欢我，这样会让我觉得自己很失败。”

本以为几年不见，她会有所改变，没想到还是一如既往的敏感。以前她交往的男友，几乎都是因她的个性太敏感而分的手。因为她总把他们的话当成圣旨一般，假如有哪句话说重了，橙子就会孜孜不倦地问他们，她究竟哪里做错了，哪里不好，她一定会改。

看到橙子这样，不禁让我想起我的一个同学来，她从小到大都属于那种特别容易让人嫉妒的人，成绩好，家世好，人缘也很不错。

不过，再好的人都会有人不喜欢。每当她取得一点成绩的时候，就会有一些不和谐的声音响起："她也就运气好，会来事，没啥真本事。"

有的人就是这样，无论你做得再好，都会自动忽略掉你付出的努力。她却并不介意，不管外界如何评价，都丝毫影响不了她的心情。我们都很羡慕她的洒脱，又佩服她超乎常人的忍耐力。

当我问她是怎么能做到这般洒脱时，她很坦然地说："谁会希望别人不喜欢自己呢，我只不过不想活得那么累罢了，既然有些人跟你天生不合，自然也没有必要取悦他们。"

她现在的公司，新来的领导对她很器重，很多重要项目都会让她参与，交流自然也多。公司一个平时跟她关系还不错的同事却不怀好意地提醒："你知道咱们领导有老婆吗？你还是注意点好，别回头犯了不该犯的错。"

她一听就知道对方的用意，故意坏笑道："放心吧，我要真的犯了那么低级的错，你就把我一脚踢开好了。"

一句话让对方无言以对。如今她过得好好的，领导不仅升了她的职，还给她提供出国学习的机会，事业爱情样样春风得意。

但生活中，她这样的女生太少了。就像很多人说的，我们都是凡人，有七情六欲，怎么能做到六根清净？

是的，你做不到，我也做不到。既然我们都是凡人，怎么可能做到让全世界都喜欢你?

俗话说，众生万物，各有姿态。你我从生下来那天起就个性不同，喜好不同，连口味也不同。我喜欢做的事，穿的衣，走的路都是我所想要的。你若不喜欢，与我无关。

不管你好到什么程度，身边都会有欣赏不了你的人。再说了，就算你是人民币，还有人会说自己只爱美元呢。

人生之所以奇妙，在于各有不同。我活得高兴，你看得开心才叫两全其美。如果你欣赏不了我的作风可以无视，但我绝对不会为了你的眼光而改变自己。

这个道理很多人都懂，只是做不到。特别在意别人的看法，通常有两种原因，一种是不自信，另一种是没主见。

不自信的，认为自己能力差、长得不好看、不够优秀，所以很容易把别人的意见当成真理；没主见的这一类人，自己拿不定主意，别人说什么是什么，被别人的言行牵着鼻子走。可人与人之间的关系，不是应该建立在彼此尊重的基础之上吗?

比起对别人的眼光亦步亦趋的人，独立而有个性的人，其实更受欢迎。因为他们不为任何人而活，更不会刻意地去迎合他人。合得来的是朋友，合不来的各自为安。

因为喜欢你的人，不需要你去迎合，不喜欢你的人，再怎么迎合也不会改变他们对你的看法。

其实很多人到了三十岁以后，都是越活越明白，越活越简单明了。

朋友不是越多越好，有两个真心对你就好，领导不需要你圆滑世故，要的是你凭真本事吃饭。处处讨好他人，却忘了照顾自己，你的人生如何精彩?

人生在世，最重要的是努力做好自己，实现了个人价值，自然有人欣赏和认同，而不是把所有的精力，放在怎么去讨人喜欢上。

婆媳关系只靠忍，你确定

Live a better
life in
imperfect life

上个月我生日，母亲打来电话，一通惯常的叮嘱和唠叨后，突然聊到，前几日堂姐又带着孩子哭着回娘家了，据说差点跟老公动手了。

关于女子嫁人后是否该对婆婆忍让这事，母亲早已千叮万嘱，就怕我会因为小事跟婆婆发生矛盾。每次说到最后，都不忘强调："不管怎样，你该忍让的还得忍让，毕竟是长辈，你不能光知道教育下一代要感恩，自己也得要做到才行。"

长辈固然需要尊重忍让，可一味的忍让真的能换来和平相处吗？堂姐的前车之鉴，早已让我对这个问题持质疑态度：隐忍，真的是一个女人维持自己婚姻最好的方式吗？

堂姐结婚早，毕业后没多久便走入婚姻殿堂。我并不支持女人过早进入家庭，而且也感觉堂姐的老公有些大男子主义。他俩结婚前，他就曾因为堂姐开玩笑时提到他儿时的糗事，当着我们的面，很不给面子地呵斥她。

所以我曾拉着堂姐认真地问：“你考虑清楚了吗？一旦结了婚，你再想要脱身就难了。”

然而堂姐说：“女人有时候要忍让一点才能够幸福，哪有男人事事让着女人的道理。”

话虽如此，但我实在不敢苟同一个女人被男人当众损了面子却还觉得是理所应当。

果然，待堂姐孩子一生，问题便接踵而来。先是她婆婆提出要来带孩子，堂姐很不愿意。对于家中长辈，堂姐一向是很尊重的，可婆婆的为人她是见识过的。

因为这件事情，堂姐跟她老公三天两头地吵，但最终还是妥协了。

然而，她婆婆一来，家里完全乱了套。堂姐的婆婆是个粗人，也不怎么讲卫生，家里吃完饭碗一定会先放到下一顿做饭前再洗，但她却还很大咧咧地说：“你们忙你们的，碗我来洗。”月子中的堂姐看不下去，只好自己动手洗，那头婆婆却抱着孩子看别人打麻将去了。

那么小的宝宝被抱到乌烟瘴气的麻将馆里，里面烟味、汗臭味混合着，对小孩成长也有影响。堂姐跟她提出过反对，说了几次不管用，只能找老公帮忙。

可没想到，她老公竟然大手一挥：“多大点儿事啊，我不就这样长大的，小孩子就得多锻炼。”

听完这话，堂姐是气不打一处来，大吵一架后带着小孩回了娘家。没想到，堂姐老公没有来接她，连电话都没一个。堂姐干脆在娘家住下，只是婶婶免不了有些担忧。

母亲说到这里，顺口说道：“你婶婶还让我给你说，回头给你堂姐打个电话，劝劝她该忍的还是得忍。”

我应承着，心里却并不赞同。我和堂姐聊过很多次了，其实她心里清楚，如果光是她自己的问题，怎么忍都可以，但在小孩的问题上，她的态度跟我一样坚决。

这让我想起刚生完孩子不久的朋友燕子，一向隐忍的她，却也因婆婆的是非不分而忍无可忍。

坐月子时燕子婆婆过来照顾她，她很是感激。但没想到，婆婆十分不懂如何照顾小孩，小孩一哭闹，她就立刻抱起来哄。燕子劝婆婆不要太惯着，小孩不需要抱太多，会养出抱睡的坏习惯。但她婆婆完全不听，以至于后来小孩三个月大了，还是整夜哭闹，得三个人轮换着抱着哄才能睡着。

燕子坐月子期间，小孩稍有一点不对，不吃奶或哭得厉害，婆婆就着急忙慌地要求燕子必须送医院。结果到了医院，燕子自己先被医生骂了一顿：“你坐着月子还出来乱跑，你知不知道后果有多严重，小孩不吃奶就不要硬喂，不会带孩子就自己多问问身边人。”

燕子听得无奈，却也只能忍耐。后来一旦婆婆做法不对，燕子就耐心地告诉她怎么做，还常常在网上下载一些育儿经验，希望婆婆跟自己一起学习。

可燕子的婆婆完全不愿意接受这些新知识，反而觉得自己的辛苦得不到肯定，索性破罐子破摔，渐渐开始不管孩子，也不做家务，每天借口自己身体不适出去跳广场舞，留下燕子一个人在家里带完孩子还得做家务。后来连燕子老公也看不下去了，就说了她两句。

燕子婆婆却忽然画风一变，又哭又闹，说儿子娶了媳妇忘了娘，自己出去锻炼身体都不让。搞得两人束手无策，只得任由她去。

最终还是在公公的劝说下，婆婆才答应回自己家去，前提是他们每个月得给自己生活费。燕子自生完孩子后就在家全职带孩子，没有收入，靠她老公一个人赚钱，家里经济有些吃紧。还没等燕子夫妻俩商量完这事儿，她婆婆就在亲戚朋友面前哭诉，说自己儿子不孝，赚了钱不给自己花云云。

燕子忍无可忍，把所有亲戚都找来，当面和婆婆谈判。她话说得彬彬有礼，却句句让婆婆哑口无言，亲戚们也都就事论事，跟婆婆苦口婆心讲道理，最后事情总算和平解决了。事后，燕子也给自己老公敲警钟，如果婆婆再这样胡来，这个家迟早会出问题。

好在，燕子的老公和公公都是明事理的人，知道婆婆的个性和为人，那件事之后，经常给她婆婆做思想工作，慢慢地，婆婆也明白了年轻夫妇经营家庭的不容易，对燕子的态度也有了本质的改变，还主动要求照看孩子，好让燕子去打拼事业，和老公一起安心赚钱养家。

我想，堂姐若是能有这样的魄力和觉悟，也不会被逼得三天两头回娘家躲避。

一个家庭当中，如果婆婆和媳妇都互不忍让，那必然家无宁日。每个女人都有可能在婆媳问题上吃瘪。因为两代人不同的生活观念很难调和，远距离还好，一旦朝夕相处，难免碰撞出火花。

虽然都是小矛盾，但落在了日常的生活上，也真是让人闹心，锱铢必较太小气，一味隐忍也只会把自己憋出毛病。

我身边的朋友有百分之八十以上都不愿意与婆婆同住，理由是跟婆婆斗智斗勇，比一个难搞的客户更费精力。有这功夫，还不如多花点心思赚钱。

我也曾在网上看到很多姑娘发帖吐槽婆婆，两代人观念不同，是矛盾的根源。而且很多婆婆手伸得太长，凡事都想掺和，最后让儿子的婚姻和人生都举步维艰。

现在的姑娘一个个都独立能干，心里都有大主张，有几个能容忍婆婆的指手画脚。你劝她忍忍就过去了，对不起，这不科学。

再说，尊重和忍让是礼貌，但绝不是解决婆媳问题的万能钥匙。

一个家庭，有矛盾是正常的。有了矛盾，只会一味忍让，其实问题没有得到本质的解决，最好的办法，是开诚布公地去沟通，找到矛盾的源头，正视它，解决它。

只有当我们把问题真正解决了，才能避免日后这些问题被放大，成为婚姻危机的导火索。婚姻的幸与不幸，和家人也有很大的关系。

结婚前一定有很多姑娘以为，婚后不跟婆婆住在一起，就不会有矛盾了。其实不然，你只要结了婚，不管是不是和婆婆住在一起，婆媳问题都是很难避免的。

既然成了一家人，就要有推心置腹的诚意，出了问题，没必要藏着掖着，大家把话放在桌面上来说，务必把心结给解开了。人是感情动物，你坦率相待，再难搞的婆婆也能感受到诚意，慢慢地，一家人建立起互相体谅和包容的默契，才能和美圆满。

在婆媳问题上，忍一时，可以风平浪静。用心沟通，才可以海阔天空。

你可以被套路，但永远别被套住

Live a better
life in
imperfect life

远房亲戚的女儿前不久结婚，大摆喜宴，母亲去参加喜宴回来，跟我描述：“三十桌宴席，吃了两天，亲戚朋友都安排在酒店里住，据说光住宿就花了近十万。”

母亲的言语里充满称赏，她说，一个女人，此生拥有这样一场婚礼，应该算是没什么遗憾了。

的确，对大多数女人来说，婚礼只有一次，若留下遗憾，便一辈子都弥补不了。

朋友小 Z 的婚礼就成了她一生的遗憾。

小 Z 结婚的时候，买房加装修把两家的钱都差不多掏空了。于是他们办婚礼的时候，婆家便要求他们一切从简，不要铺张浪费了。

小 Z 是一个浪漫主义者，一直都希望拥有一个户外婚礼。

可户外婚礼哪怕一般规模的，花费都十分可观。最后连小 Z 老公也劝她不要花这种冤枉钱，搞一些形式主义。

小 Z 很是郁闷，找我们诉苦：“结婚就这一次，为什么他就不能理解呢？”

当下我很想说，或许不是他不理解，而是你们的钱不理解……这话当然不能直说，我只好劝她：“要不你们就等一年，这一年努力存钱办一场你想要的婚礼。”

她觉得这个提议也不错，就回家去跟她老公商量，结果不到一个月，我就收到她的请帖，地点还是在原来的饭店。

看得出，是她妥协了。

我不觉得这种妥协是件好事儿，现在她也许觉得将就一下无所谓，怕只怕会成为今后的心结，一辈子无法弥补的遗憾。

果然没多久，小 Z 就开始后悔了。

说起她之前的妥协，她一副捶胸顿足后悔不迭的样子：“我老公说现在没有钱，能省就省，先随便办一场，等以后有钱了，再给我重新办一场婚礼，到时想要办什么样的都行，好多明星不是也带着孩子再补办婚礼吗。不知道为什么，我当时就鬼迷心窍地同意了，现在觉得那样草率的婚礼，还不如不办，真是后悔死了。”

然而事已至此，再后悔也是无用的。毕竟也不可能把婚离掉再结一次，因此我们也只好安慰她说：“以后记着不要再随便妥协就好。”

“先随便办一场，等以后有了钱再……”其实说白了，这完全就是男人的一种套路。但凡懂得男人心思的女生都该明白，几年之后，别说你对婚礼早已没了当初那种期待，即使真的再办一场，说不定你会认为不如买几个包更实在。就如同结婚几年再去蜜月旅行，大概能感受到的只有旅行，没有蜜月了。

在男人的套路里，如果出现“以后”“我保证下一次”“你要相信我”之类的话，多半都是有诈。话说回来，如果一个女人连人生最重要的时刻都能将就，还有什么不能将就的。所以与其说是男人太精明，不如说是一个愿打一个愿挨。

有一段时间我无节制地吃吃吃导致体重超标。有一次跟朋友逛街，她看着我欲言又止，终于还是忍不住问我：“你男朋友都不会让你减肥吗？”

我有点莫名其妙：“不会啊，他似乎觉得我怎么样都是好的。”

她表情很意味深长地“哦”了一声：“你还是自己节制点儿吧，以后的事儿谁说得定……”

我问她何出此言。

于是她说到自己的上一任男朋友，竟然就是因为她突然变胖而跟她分的手。

原本她是个生活很节制的人，体重一直维持在九十斤左右，可她男朋友老说：“没事，你好好吃吧，我不会嫌弃你的。”结果她真的有段时间胃口大好，大吃特吃，体重眨眼就过了一百斤，她男朋友终于忍不住很委婉地问她：“你是不是最近都没照镜子，没发现自己有些变化吗？”

她没有听出其中含义，还很单纯地说：“我每天都有照镜子，没觉得有什么问题啊。”

她男朋友看着她一副天真的模样，也没好意思直说。等到她突破一百二十斤大关时，她男朋友忽然提出分手。她感到很意外，问他原因。对方很含蓄地说：“对不起，我觉得我还是喜欢瘦一点的姑娘。”

她被那次“被分手”搞得元气大伤，所以她看到我这样才会忍不住奉劝我，要小心男人的套路。

我听完笑着答应：“好，我一定谨记。”

在爱情面前，很多女人会自动变为傻白甜，智商欠费不说，还一厢情愿地自欺欺人。几句好听的话，偶尔送送花，吃吃饭，看看电影，我们就觉得浪漫无比，甘心沦陷。

不是我们没有抵抗能力，只是遇到了那个人，我们心甘情愿被套路罢了。

被套路，说白了，就是一个愿打一个愿挨，他愿意哄你，你愿意相信。他愿意甜言蜜语，你愿意甘之如饴。

我不觉得一个女人被套路是多么了不得的事，恋爱不就是一个互相套路的过程吗。但有一点，永远别在男人的套路里丢了理智和智商。

很多女人处在一段糟糕的恋情中，却舍不得抽身离去，说白了，就是担心分了手找不到比这个更好的，你越有这样的担心，越容易被对方套住。

很多狡猾的男人，会给女人灌输一些旧社会妇女三从四德的思想，女人要勤俭持家，要温柔体贴永远要以丈夫为先啦，而你又恰好那么单纯地就信了。所以在爱情里，不懂判断爱情真伪，也不懂得谋划人生，被套住也只能是理所当然。

前不久看到一个高知女，被国外一个低级的诈骗犯，以爱情之名骗走了上百万。然而事情败露后，她却还深陷对方编织好的浪漫爱情故事中无法自拔，难以相信自己的有情郎转眼成了一个罪犯。这也正是她最可悲的地方。假如，她稍微有一点独立思考的能力，就不会被骗财骗色。

这应该就是在套路里智商欠费的典型了。

其实，套路也分善意和恶意。谈情说爱当然逃不过套路，我并不鼓励女孩们时刻警戒永远冷眼旁观，如此也很难享受到恋爱的乐趣。

但每个女人都应该学会如何在享受爱的滋润同时保持清醒的头脑，至少大眼识人，明辨是非的能力还是要有的。

你可以被套路，但永远别被套住。

我们过得
并没有看起来那么好

Live a better life in imperfect life

前同事跳槽去了一家高大上的公司，在朋友圈里发了一张新公司的照片后，引来许多人的羡慕。还有个人很直白地留言问她：“月薪多少啊？”

她回了一个尴尬的表情不再理会，却没想到，对方直接发来消息：“我知道你不好公开说，要不你就告诉我一个人，我绝对不会到处去说的。”

她无法拒绝，简单说了一个大概数字，哪知对方连发了几个惊讶表情：“哇，你太厉害了，以后可得多关照我一下。”

她以为对方就是客套，便也客气回应，随后忙着准备入职工作，将此事抛诸脑后。

新工作比在原公司辛苦百倍，常常加班到半夜，出差频繁。偶尔发朋友圈，一连串的累，辛苦。

哪知，此消息被那个女生看到后，留言如下："你赚那么多辛苦一点是应该的""真羡慕你啊，工作那么好，还可以出差去不同的地方"……

她感觉很无语，却还是选择了礼貌回应。直到有一天，对方开口问她借钱，而且数目不小。

她犹豫很久，还是决定拒绝了。可是，对方却火了，口气十分不客气。

她问我："你觉得我做得对吗？"

我毫不犹豫地回答："当然对。"

因为从她说起与这个女生的交流，就足以看出两点。首先，她们不熟，没到可以随便开口借那么多钱的地步，再则，显然对方是因为知道她收入不错才开口借钱，以为她无论如何也不好意思拒绝，有这种小心机的人更是不能借。

同事也认同我的说法，她说："其实从她一开始问我收入那天，我就该想到她的意图，只怪我心太软，不能狠心拒绝。"

我知道同事有今天其实很不易。当初为了这份工作，她一边上班一边考证，那段时间睡眠严重不足，连我们这些旁人都忍不住劝她多休息。换了工作后，她工作时间更长，出差也更频繁。收入的确可观，但作为朋友，我只会羡慕不会嫉妒，因为这是她应得的生活。

所以，我不认为她赚的钱就该随意借给一个每天只知道在朋友圈里关注她的风光无视她的辛苦的人。因为从来没有谁的生活，是随随便便就风光无限的。

我问同事为何不远离这种人。同事心平气和地说，远离了这个人，也还会有别的这种人出现，我们永远无法强求别人的理解，也无法完全躲开和这类人接触，只能一笑了之不是吗？

闺密有个朋友，一直是被人羡慕的对象。工作好收入高，年纪轻轻就生了孩子，老公对她体贴又疼爱。可最近，闺密却说她这个朋友就快得抑郁症了。

闺密的朋友在一家外贸公司上班，收入的确很高，老公对她也不错。所以旁人都以为，她是活得最知足和幸福的一个。

然而，她老公只是一家小公司职员，每月工资不足五千，跟她的收入相去甚远。一开始，她并未看上他，可她父母一直吹耳边风，说他孝顺，老实体贴，懂得心疼人，虽然钱赚得不多，但她赚得多啊，两个人的收入加起来，家里花销基本也不用愁了。

她觉得有道理，于是听从了父母安排与他结婚。哪知，婚后的生活却与她所期望的相去甚远。婚后，他们买了房，位置和地段都不错，只是房贷略高，一开始她以为，两个人的收入加起来供一套这样的房子应该没问题。没想到，最后每个月九千多的房贷全由她承担，而她老公，从未想过与她分担。

不久后，她怀孕了，迫于压力她本打算先不要孩子，可家人都劝她留下。她也以为，有了孩子老公会有所改变。谁知，孩子生下后，基本由父母带，每个月给父母两千块生活费，这笔开销，仍是她在出。

今年，公司效益不好，收入缩减，她压力大到整夜失眠，头发大把地掉。于是她找到老公商量，想休息一段时间，否则真怕自己撑不下去。

然而，她老公立马反对："你可千万不能辞职，咱家一个月房贷这么高，还要给爸妈生活费，压力太大了，我可扛不了。"

前不久回家，她与父母说起自己目前的生活，他们安慰她："男人嘛，慢慢就懂得顾家了，现在你们结婚才多久啊，你要慢慢引导他。"

可是，她既当赚钱工具，又要当家管账，这日子过得连停下来喘口气都不敢。

闺密问她为何不离婚？她笑容倦倦地说，离婚也未必可以改变现状，生活还得继续，还是我一个人来扛，离婚又有何用呢？

似乎我们从来没有想过这个问题，你过得真的有看起来那么好吗?

我见过一些公司高层，每个月拿着大几万块的高收入，但一年只有一两个月时间在家，没完没了地出差，没日没夜地加班。可只要一告诉别人自己过得并不好时，就会有人说："别谦虚了，你收入那么高还能过得不好？"

还有些自由职业者，每天看起来自由自在，想睡到几点起就几点起，想出去旅游说走就走。然而不稳定的收入导致他们在购房和日常生活开销的问题上小心翼翼，当她说自己过得没那么好时有人会说："你每天那么自由还过得不好，没看我上班都快累成狗了吗？"

我们看别人的生活，总是看到风光的一面，但你不是他，你又怎么知道他是否真的过得如你想象中的那般好？他们背后所要承担的压力和心酸，又有几个人能够知晓?

你羡慕她自由职业，却不知她在为房贷焦虑；你羡慕她月薪过万，却不知她前期的努力与拼搏；你羡慕她海阔天空，却不了解她旅行中的那些不为人知的遭遇和危机。

你羡慕她，殊不知她也在羡慕你。我们都觉得别人的生活过得比自己滋润，但如果真的要你去过对方的生活，你过得了吗，你有勇气吗?

每个人的生活都是自己选择的，没有谁的生活比谁的更好之说。

说白了，最好的生活其实是，你做得了选择，又担得起代价。

就像你既可以选择远行，也可以选择宅；既可以选择努力拼搏，也可以选择得过且过。没有人会胁迫我们接受某一种生活。前行，也许未知，但你早已做足准备面对。

既已选择，就该为自己的生活负责，不羡慕别人的自由自在，也不必在打拼事业之时向往家庭主妇的悠然自得。坦然、勇敢、积极、心态平衡地对待生活，这是需要强大的内心支撑，也需要足够的经济实力。

过自己想要的生活，付出什么样的代价都是心甘情愿，不管过得好不好，都尊重并无悔于自己的选择。在做一件喜欢的事情时，我们的激情与精力，全都迸发出来，比起毫无意义地浪费时间，在一份不喜欢的工作上三天打鱼两天晒网，会更加快乐。

前行的路途中，会有很多得与失，也有迷茫与麻木，但只要永远尊重自己的决定，只要努力和敢于选择，人生必然不会随波逐流。

前同事与闺密的朋友，她们事后都说，不后悔当初的选择。虽然，生活没有朝着预期的方向开去，但也尊重自己的选择。

生活，本就是得与失同在，作了你认为对的决定，并为之付出全部精力和热情，才是真正的过得好。

别人怎么看，怎么说，真的不重要。

找个有趣的人，相伴到老

Live a better
life in
imperfect life

有趣到底有多重要？

先生在圣诞节那天捧回一束玫瑰和一只臭袜子，问我选哪个？我捏着鼻子选了玫瑰。结果他一脸失望地看着我，“你真是越来越无趣了。”

我不解，只见他从袜子里掏出一个精致的首饰盒，里面有一条漂亮的项链，正是我心心念念已久的。然而当它放在我面前时，我却选择了华而不实的玫瑰，忽视了他想给我的惊喜。

若我还保留着好奇心，也许会选择袜子，若我是个有趣的人，也许会一眼看懂先生的用心。可惜，这两样似乎都被我消磨得没有了。

前几天，一个朋友找到我，让我帮她分析一下她老公最近是不是有了什么别的想法。

在他们结婚纪念日那天，她老公在一家法国餐厅订了位置，还让她穿上结婚时那套礼服。结果那天天气很冷，于是她在礼服里面套了保暖衣和秋裤，外面穿着厚厚的羽绒服。

到了餐厅后，她老公已经坐在那里等她。而她老公的衣着打扮，完全是个高贵的绅士。合身的西装，皮鞋擦得很亮，领带也是精心搭配过的，似乎还专门去理发店做了头发。当她老公看到她这样时，眼里闪过一丝失望，但还是笑着说：“夫人，你要不要先去洗手间收拾一下？”

她忍不住发了火：“你是不是嫌弃我了？你穿得这么好看是给我看还是给别的女人看的，结婚这么久都没带我来过这么好的地方吃饭，今天怎么想起来要带我来吃饭。”

她说到一半，我就忍不住打断了她：“也许他就是专门为你精心准备的呢？为什么你要怀疑呢？”

“怎么可能是为我准备的，平时我们为了还房贷，一个月都舍不得在外面吃一顿饭，哪还敢去什么法国餐厅啊，一顿得花多少钱啊。”她的语气里完全只有愤怒而没有一丝喜悦，甚至还为她老公的安排而感到生气。同为女人，我明白她的焦虑，却也为她感到难过，因为她已然连基本的生活情趣都没有了，一心只想着还房贷和怎么省钱。

不过，最郁闷的人应该是她老公吧。

“那天是你们的结婚纪念日，他这样精心安排，肯定是为了给你惊喜，怎么你总是要往不好的地方想呢？”

“你根本不懂，我哪里是贪图那些的人。当初我们结婚时一无所有，如果不是省吃俭用，哪里会有今天的好日子。现在他这么浪费钱，要不然就是外面的女人教他的，要不然就是嫌弃我了。”她愤愤不平地陷在自己的那套理论当中，旁人的话也只当成耳边风。

其实现在想想，为何很多男人结婚多年后，看到自己的另一半越来越跟不上自己的思想时，忍不住会想要逃离。一个男人在外辛苦工作回到家中，女人在他耳边不是轻声细语地安慰和关怀，而是念叨着菜价涨了，房贷要还了，孩子又跟谁打架了之类的，想必换作谁也都会烦吧。

我有一个同学的妈妈，同样是个家庭主妇，但却是个很有趣的女人。

上学的时候有一回去她家玩，她妈妈准备了一大桌子好吃的。同学很馋，不顾形象就迫不及待地坐到桌子旁边，而我因为家里教过大人不来不能开席，所以站在一旁看着她自顾自地吃得很欢。

过了一会儿，她妈妈从厨房里出来，看到她这样，不仅不恼，反而很和蔼地笑着说：“妈妈动作实在太慢了，好担心把你和同学饿坏了，厨房里的菜都还没做完啊……”

同学一听，立马放下碗筷，乖乖地进厨房帮忙。

在她妈妈的熏陶之下，她后来也成了个很有趣的人。工作后每次她回家之前，都要先问问她妈妈需不需要什么，经常就有了以下对话。

“妈，觉得有件外套不错，要不我买两件咱穿母女装。”

“行啊，给我来件粉的吧。”

“粉色我买了，给你选个绿色吧，显年轻。”

“那不行，我皮肤黑，你皮肤白，你穿绿色好看。”同学听到这儿正一阵窃喜，结果她妈妈又来了一句，“绿叶配红花，粉色给我，你穿绿色正好衬我。”

同学父母结婚多年，却少有争吵。因为每次她爸爸想要发脾气时，都会被她妈妈一句话逗乐，哪里还有心思吵架。她妈妈因为心态乐观，从不发脾气，看起来非常年轻，这就是一个有趣的女人独有的魅力吧。

这个世界本身是很无趣的，所以要懂得让自己有趣地活下去。

有趣不是不知分寸地开玩笑，把快乐建立在别人的痛苦之上。

很多人以为，自己很能开玩笑，也懂幽默，但就是没有人欣赏。其实我想，这并不是别人欣赏不了，而是你的方法不对。别人觉得好笑才叫玩笑，别人觉得你幽默才叫幽默。

有趣里面，是蕴含智慧的。

婚姻当中，日子是越过越苦闷还是越过越有趣，要看跟谁一起过。很多人以为，女人要端着架子等男人变着花样地讲笑话来逗乐。

其实婚姻是两个人的事，不是一个人的独角戏，所以双方都有责任和义务来调剂，让生活不要那么无趣和沉闷。

在我的印象里，有趣的人往往懂得很多东西，每讲出来一样东西，都能吸引人们的注意。有趣可以牵动别人的思想和情绪，可以控制人的欲望。在讲话的过程中，有趣的人就是主角，所有人都跟着在转动，思维跟着在跳跃。

有魅力的人不一定有趣，但如果你很有趣，就一定会很有魅力。

有趣是件特别美好而值得向往的事。和有趣的伴侣在一起，可以增长见闻，可以在潜移默化中学会说话的技巧。不管外面的世界如何变化，不管岁月如何催人老，有一个有趣的人做伴，或你自己本身就是个有趣的人，你们的生活和关系就会永远保持新鲜的活力。

我们都渴望能够找到一个和我们一起慢慢变老，坐在摇椅上慢慢聊的人，我想这件事之所以美好，首先是因为那个陪着你慢慢变老慢慢聊的人，是个志趣相投的，有趣的人。

在这个无趣的世界里，愿我们都能找到一个有趣的人相伴到老。

当然，你若是个有趣的女人，就算自己和自己做伴，也能活得十分美好。

再难也要活出精致

Live a better life in imperfect life

表妹最近见到我的第一句话就是：“姐，你该好好收拾下自己了。”

我连忙照了照镜子：“还好啊，没那么差吧。”

哪知表妹仍是一脸嫌弃，顺便给我说了她朋友的事情。

表妹的朋友比她大几岁，已经结婚并且有了孩子。

前几天表妹去她家做客时，发现她完全变了一个样子，这位朋友以前有“时尚达人”的称号。然而如今的她，接待客人时竟然穿着宽松的睡衣，头发乱糟糟的还有些油腻，家里满地的玩具，她的生活，看起来毫无美感可言。

朋友一边收拾一边粗声粗气地大声叫她老公出来帮忙。过了一会儿，小孩儿在房间里哭闹起来，像是要上厕所，朋友把手里刚收拾着的玩具随意地丢到玩具箱里，奔进房间，嘴里尖叫着："先不要拉，忍着啊，宝贝。"

表妹说她完全惊呆了，眼看着一个时尚人士就这样堕落成家庭妇女，她竟然还毫无察觉。

后来她忍不住问朋友："你究竟经历了什么，变成这样？"

朋友却表现得很无奈："你以为我想吗？结婚后大多数事情都是我在做，尤其是生完孩子，我已经两年没有给自己好好挑过一件衣服了，现在就算有十件漂亮的衣服放在我面前，我都没有心思欣赏。"

表妹说，这是她见过的结婚前与结婚后反差最大的人。她当时就暗下决心，要是哪个男人敢把她变成这样，一定会两脚踹死他。

我听完忍不住鄙视她："这和男人有什么关系，单身生活就一定过得很好了？以前你自己不也一团糟。"

表妹理直气壮地说："我那是年少无知，像你们这种已经有了家庭的人，难道不是应该过得越来越好，自己也变得越来越精致吗？"

我翻了个白眼："谁跟你说结婚后就一定会活得更精致，你以为黄脸婆都是怎么来的。"

表妹却不认同，她说："结婚后就多了一个人赚钱养家，女人也可以轻松一点，有更多的时间来做自己想做的事情，怎么还能比一个人生活的时候更糟糕呢？”

表妹的话不无道理，可是事实上，女人结了婚，能留给自己的空间和时间几乎为零，维持之前的精致谈何容易？

很多像表妹朋友这样的女人，她们原本漂亮、年轻、时尚、事业心强，可一旦结婚生子，却甘心当起家庭主妇。

其实，如果不是万不得已，应该没有女人愿意放弃自己的人生吧。事业和家庭的抉择，真的很难两全。选择了家庭，就是一份二十四小时不下班的永久职业，很难逃开黄脸婆的命运。选择了事业，就得面对无法陪伴孩子无法照顾家人的愧疚。

可是，在为自己和表妹的朋友开脱的同时，我想，表妹说的那种，事业生活都经营得很好，自己也过得很精致的女人难道真的没有吗？

其实还是有的。

我有个好友娜娜，就是这样的一个人。她能在各种角色身份中转换自如：公司里的主管，五岁孩子的妈妈，老公眼中能干的妻子。

他们的家里永远都会有鲜花，不同季节飘着不同的花香。她家的花，都不是从外面购买，而是她自己种植在阳台上的。小小的阳台被她弄成了小型花园，孩子从小就在她的熏陶下认识各种植物。她家书房里有很多书，光是孩子的绘画本就有上百本，每天下班回家，她都会陪孩子一起看绘画本。

娜娜家的饭菜，向来由她一手操办，色香味俱全。每样菜都会精心摆盘，就算一盘炒饭，都会加上西红柿做点缀。

有朋友去她家吃过一顿饭，回来和我说，觉得娜娜的生活太矫情了，不就是吃顿饭嘛，还摆什么盘，就算摆成一朵花，吃进肚子里还不都是一样的。

可我却觉得，吃饭事小，不放过任何生活的细节，尽情享受生活，愉悦自己，才是娜娜的生活哲学吧。虽然结果都是吃进肚子里，但精心摆盘的过程本身就是一种享受，也会让家人朋友对这顿饭变得充满期待。

娜娜家的小宝，几岁大的小孩子去外面吃饭，都懂得挑选装修漂亮的餐厅，点精致可口的食物；跟着爸妈去看完舞台剧或展览，会像模像样地提出自己的看法。这离不开娜娜的耳濡目染，她对孩子向来是“只要是我们能力之内的，你都可以选择最好的”。

娜娜从不认为让自己的家人和自己享受最好的是一种罪过。她觉得，只有让内心的渴望得到满足，灵魂得到升华，才能让自己的人生真正丰富起来。

这样的女人，大概才算得上精致吧。

精致，是来自一个人的眼光、审美、阅历和见识。没有充实的内在，你把家里装修成土豪金，开着加长版的劳斯莱斯，也未必会让人高看一眼。精致的女人是赏心悦目的，是能够与复杂的生活琐事和谐共处的，而不是在日复一日的柴米油盐中，把原本的追求和生活标准全都抛弃，朝着庸俗妇人进发。

有人想要成为辣妈，却又不愿减肥健身，孩子一哭就感觉什么事情都做不了；有人想重回职场找回自信，却始终念念不忘家中的孩子……慢慢地，只能让自己变成不想成为的样子。

女人想要怎样的生活，都是有办法做到的，因为办法永远比困难更多。

很多女人的生活，除了孩子、家庭，再无其他，长此以往，自我变得越来越小，对美的追求越来越少，连轻松愉悦地阅读一本书的时间都舍不得给自己，更别说与朋友把酒言欢，共同探讨梦想与未来的欢聚时光了。

有人说，人没有了梦想就相当于在等死。而一个女人，失去对精致的追求，也等于完全放弃了自我。想过公主般的生活，却只有女仆的姿态，就不能怪生活善待了别人而亏待了你。

女人若是不幸，并不一定是毁在了婚姻上，也可能是毁在对自己的要求降低，不再严格要求自己。

知名动漫《蜡笔小新》里，小新的妈妈令人记忆深刻。一个家庭主妇，每天吃完饭就躺着，偶尔见到比自己保养好，身材和皮肤各方面比自己更好的女人时，就会提起精神努力一阵子，结果不久之后又开始松懈下来，结果被自己的儿子嫌弃是发福的中年妇女。

人人都想把日子过成诗，却缺少诗情画意的情趣；向往着远方，却只能看得到眼前的苟且。

生活还是应该要保留一些精致，才能还原我们曾经的魅力。

无论是表妹的朋友抑或娜娜，我相信一个女人的初心，都希望自己一直有吸引别人的魅力，把日常生活也过得美好精致。

当然，女人的精致，是活出来的，是好身材修饰出来的，是事业支撑起来的，也是一段爱情呵护起来的。

这些都需要我们克服无数实际的困难，去争取和维护。

所以无论你是抱怨、是气愤、是郁闷，还是无奈，都千万不要停下脚步，放弃自己。因为一个女人失去了自我，真的等于一无所有。

丈夫、孩子，都会有自己的生活，每个人都在朝前走，如果有一天你被抛在了身后，变成了你自己都嫌弃的样子，那才是生活对你最大的惩罚。

见识过，气质才是你的

Live a better life in imperfect life

我们说，一个人的气质是靠阅历堆积出来的。你所看过的书、走过的路、结交的朋友，都是这种阅历的一部分。

我的一个同学，毕业后多年，依然保持着阅读的习惯，每年再忙，也会抽出时间旅行。她家里的书，有专门的书房收藏。她看过的每本书，都能清楚地说出来里面的内容。她从不把看完的书当废品处理，送给别人或卖掉，搬了几次家，书却越搬越多。

有人对她在图书上的金钱投入，感到不理解："那么多书要是换成钱，你现在还需要租房子住吗？"

她笑而不语。但她曾在朋友圈发过一张坐在书堆里的照片，配上文字："我心灵最深处得到的安慰，要多谢它们的关照。"

与书为友，是多少人都无法做到的灵魂追求。

因为喜欢阅读，她的人生也拥有了很多平常人无法拥有的精彩，她很早就已经在各大杂志发表文章，也结交了很多书友，与他们一起去旅行，畅聊人生。

见她活得有滋有味，便开始有人羡慕，“唉，要不是为了赚这点破钱，我也想跟你去浪迹天涯。”

她热情欢迎：“你只要想放下，什么时候都可以。”

每次见到她，她都能带给我们不一样的精彩故事。比如她说某次旅行，有一天晚上由于太晚了没找到住宿处，于是就在一座原始森林里搭帐篷独自住了一晚，大半夜听到野兽的嚎叫，那感觉紧张又刺激；还有一次在徒步的路上，碰到一个好司机，顺路捎上了她，两人一路聊天，下车后司机还给了她一点钱，说自己的女儿也跟她一般大，可他的女儿却永远无法像她这样行走，只能每天坐在家里……

年近三十的她，气色和气质都比同龄人要好。我想，这种精神上的滋养，是有钱也买不来的，也是华服包装不出来的。

老家邻居哥哥的媳妇，长得挺好看的，但据说就是学历不高，说话做事都比较粗鲁。初次见她，就已经明显感觉到与她长相完全不匹配的气质。

去年过年回娘家，正好她家里请客，也请了我们。去的时候，她的公公婆婆都在招呼客人，她老公也是忙里忙外的，我正好奇她去哪儿了，作为女主人，按理说更应该出来招待客人才对。没一会儿，母亲就偷偷对我说："你看那个阿梅，客人都还没安顿好，竟然就在那边跟人打起麻将来了。"

我朝那桌打麻将的人看去，果然有她在其中。没多久，她的老公气急败坏地过去叫她，原来她的女儿刚跟几个小孩子打闹哭了起来，此时正哭哭啼啼要妈妈。她这才骂骂咧咧，心不甘情不愿地离开了麻将桌。

饭后，我和母亲跟邻居们坐在一起聊天。阿梅也在，听到我们聊天，总不等别人说完就直接插上一句嘴，旁人还想说什么，她的声音会顿时提高，刻意打断或抢过话题。

后来不知怎么的，就聊到女人要不要读书的这个问题上。而阿梅说："我觉得吧，女人不需要读多少书。你看我没读多少书吧，不照样活得好好的。而且我还不算好的，我有一个堂姐，小学都没毕业呢，现在人家找了个有钱的男人，日子过得那叫一个让人羡慕。所以我们家孩子，以后也不打算让她读太多书，差不多就行了，反正迟早要嫁人的。"我忍不住插了句嘴："读书多不一定有用，但一定比没读的人有用。而且时代不一样了，你女儿这一辈，如果没有学问，真不知道能干吗。"

她听到我的话，脸色有些微变，想再与我争辩，旁边的老人却纷纷认同我的看法，她自觉没面子，气呼呼地走了。

以前人们说，百无一用是书生。

对这句话，也许不同层面的人，会有不同的理解。

可有人理直气壮地拿出某个没读过书，却最终成为富豪的例子来教育自己的孩子：读书没用，你不必再浪费时间和精力在这上面。

对此，我只能表示完全不认同。能否挣到钱，不应该成为衡量一个人是否成功的唯一标准。哪怕你挣到了钱，腹中无物也无法改变你的修养和气质。腹有诗书气自华，一个没有文化修养的人，也完全不能跟一个读过很多书的人的气质相提并论。

很多人在自己有钱或事业有成后发现，自己现有的经历和见识完全不能跟身边的人交流，于是便出了很多的名媛速成班。短时间的突击培训，表面上的礼仪修养虽有改善，可气质却很难一下子培养起来。

人不一定靠阅历吃饭，但你的阅历一定可以改变你的气质。现代社会的女强人，除了事业上成功外，自身修养往往也极佳。修养，也不是表面的仪容仪态，更多的是一种阅历和气场。

普通人也许没办法做到行万里路，有时间的时候多阅读还是可以做到的。你读过的书，你对人生的思考，最终都会体现在你的气质和谈吐上。

女人都希望自己可以变得更美，天天护肤美容买买买，甚至不惜整容成为明星脸……有这番功夫，不如多读两本书，多去看看这个世界，由内而外地美起来。就像某旅行箱广告说的：装得下，世界就是你的。

我想说，见识过，气质才是你的。

女人要学着优雅老去

Live a better
life in
imperfect life

现在流行女汉子，我身边有不少接地气的女生，习惯大口吃肉，大口喝酒，大大咧咧的，见多了这样的，很多人觉得优雅反而略显做作。

其实不然，我觉得，优雅才是检验一个女人是否美好的标准。不管你是二十几岁，还是三十几岁，都应该要学着优雅地老去。

朋友桃子是我在学生时代认识的，我们相识于一场旅行当中。如今，她人在国外，偶尔回国，早已不似当年那般女汉子，已然变成一位优雅十足的淑女。

说起她出国的经历，其实也源自一段失败的感情。相恋多年的男友移情别恋，她黯然分手，急欲逃离伤心地，于是借着表哥的关系，被公司调去国外。

再次回来，已经判若两人。举手投足间，既有着轻熟女的气质，也有高知女的学识，更有成功女性的自信。如果不是谈话间偶尔透露出的熟悉的语气，我真怀疑她把自己的思想整过容。

说起自己的变化，她说还要感谢在国外认识的一个同事。她是一个来自法国的优雅女人，追她的人很多。与她比起来，桃子虽长得更好看，却并不受欢迎。

后来有一天，她独自去酒吧喝酒，恰巧遇到那个法国同事。俩人不知不觉地就聊了起来，桃子问她："你觉得中国女人和法国女人最大的区别是什么？"

对方看着桃子，一双眼睛笑得十分迷离："别人我不好说，但如果是你的话，我认为问题是不够优雅。"不管有多大的文化差异，全世界的男人看女人都看重同一点，那就是气质。国内女性大多有一种强势气质，有人说这是女汉子，有人说是野蛮。大多数男人都欣赏不来的。

话说桃子当时听到对方评论自己不够优雅，也差点摔酒杯。本姑娘不优雅吗？本姑娘温柔起来你是没有见过。

但对方却连声说NO。我想桃子和曾经的我一样，根本不知道什么是优雅。却还误以为优雅就是语气温柔，做事慢条斯理。

法国同事说礼仪，桃子只懂得礼貌；对方说女性修养，桃子却只知道教养。

不过后来，桃子还是跟她学了不少东西，虽然没有学到百分百，但也八九不离十了，后面的全靠自己领悟。

让桃子感觉到自己的变化，是在一次相亲当中，吃完饭离别之前，对方曾对她说了一句话，让她感到非常诧异：“你是我见过最优雅的女生。”

以前桃子跟前男友分手时，他说：“你完全不懂怎么做女人。”她本以为是男人给自己找的借口，后来才发现，的确是当时的自己有太多不足。

桃子今年结婚了，对方是公司里的高管，阅人无数，却在桃子公司的年会答谢宴上留意到桃子，对她一见钟情。

很多女人以为，男人需要的是一个听话懂事，能顾家的妻子，却不知他们还需要一个可以带得出厅堂的女伴。

一个优雅的女人，最大的好处是老了后还能够拥有精彩的人生。

母亲以前有一个同事，年轻的时候就很爱美。我见过她一两面，每次都让人如沐春风，哪怕是对一个小孩子，她也有十足的耐心和热情。

小时候被母亲带去她家里玩，她总是端出一大堆好吃的出来招待我。她家里有不少古董摆件，我母亲怕我蹦来蹦去摔了东西，她却笑眯眯地说没关系，让我放开地玩儿，从来不会提醒我这个不能碰那个不能碰。

我结婚时，母亲邀请她出席我的婚礼。时隔多年再见，她还是那么优雅，她的穿着打扮，皮肤保养，跟母亲比起来实在年轻太多，连我作为后辈，都自愧不如。然而，她一见我就亲切地拉着我的手，轻轻地拥抱了我下，并说了很多祝福的话，言语之中，尽显真诚。

婚礼结束后，她早已匆忙离去。母亲说，她要赶去泰国的飞机，一个礼拜前就计划好的旅行，因为我的婚礼特意改签了机票。

同为女人，母亲和大多数的同龄人一样，每天为琐事操劳，随着年岁增长，脸上的皱纹一层叠着一层。而她却完全不同，退休后，经常外出旅行，闲时养花种草，给自己报了兴趣班，现在钢琴都已经过了六级。

我觉得，一个女人能否优雅地老去，是由心态决定的，优雅并不仅仅是一种生活方式，而是一种选择。你想要活得高贵，就得做高贵的事情；你只盯着眼前的柴米油盐，就只能一辈子操劳琐碎。

女人的时间、精力、追求放在了哪里，最后一眼都能看出来。

在任何场所，优雅的女人都会赢得目光追随。

优雅不是做作，而是从内到外所散发的自信，不是端着，也不是假装高贵。优雅是岁月的洗礼和人生的积淀过后，在与人交流中的自然显露。

外国老太太与中国老太太在气质上有明显的区别。外国老太太们到了八十岁的时候还敢涂脂抹粉，穿时尚的衣服，戴颜色艳丽的耳环，在镜头下展现出自己自信的身姿。但中国老太太们却只顾着在家做饭带孙子，闲时跳跳广场舞。

优雅的女人，都愿意为自己付出时间和精力，她们也更懂得，怎样让自己活得精彩。中国老太太们，生活的重心全部在家人身上，如何优雅得起来。

所以说，姑娘们，趁年轻，赶紧修炼起来。无论婚前婚后，忙事业还是投身家庭，都不忘细心打扮自己，保持阅读习惯，时刻关注大环境变化，为自己安排旅行和参加感兴趣的培训班。

想想在我们六十岁的时候，还可以跟闺密们一起出来聚会，我们聊时尚，也聊爱情，甚至相约来场说走就走的旅行。

八十岁的时候，还能找到自己的价值，学习新鲜事物，甚至可以满世界的奔跑，永远跟上时代的步伐。

优雅地老去，那将会是多么美好的事情？

就算兵荒马乱，
也要体面生存

Live a better
life in
imperfect life

半年前，老同学老何离婚了。她离婚的事情闹得几乎人尽皆知。

老何的老公是外省人，为了她留在了本地，从恋爱到结婚，一直对她很好，凡事依着她。结婚不久后两人就生了个儿子，老何也安心地做起了家庭主妇。可等孩子两岁时，她老公却像变了一个人似的，老指责她脾气差，不懂得体贴人，一言不合就要大吵大闹。

熟悉老何的人都知道，她个性的确比较强势，但也没有到不讲理的地步。后来老何才明白，原来她老公想要回老家发展，与她协商无果，于是找借口想离婚。老何为了这事，足足瘦了十斤，她把儿子送回了娘家，就是为了能够跟她老公两人和平地解决这件事。然而最后，她老公还是坚决提出了离婚，一点商量的余地也没有。

老何说本以为她老公只是随口说说，这么多年，老何从来没想过自己会离婚。那阵子，老何面容憔悴，朋友见她如同行尸走肉般，就劝她干脆点离了算了，再找个好的。她说自己也想，可就是狠不下心来。

她开始学做饭，把家里一切收拾妥当，希望用实际行动来证明，她是爱他的，希望他能看在她的妥协和付出上，回心转意。

直到她收到离婚判决书的那一刻，她才终于醒悟回不去了，而她老公，早在一个月前提出分居时就已经买好机票回老家去了。好在两人没有房子，存款也不多，没有什么财产纠纷。

老何好长一段时间都无法走出离婚的伤痛，有一次我们恰好遇见，聊起了这件事。我听完她的离婚始末，很直白地对她说："其实离婚未必不是一件好事，借此看清楚一个男人也值得。而且你一个人又不是活不了，早点离开一个不爱你的男人，好过下半辈子独守空房。"

她显然心有不甘，问道："可我们才结婚没多久啊，也没有什么大矛盾，孩子还那么小，他怎么舍得呢？"

"他若真的舍不得，怎么会跟你离婚，怎么会抛弃你和孩子，难道他的所作所为还不够明显吗？他不爱你，你也不必再为他而耽误自己。”我挺为老何不值的。

以前的老何，漂亮大方，追求者众多，可自一场离婚风波闹下来，她完全变了一个人，再也没有往日的自信。

她听完我这番话之后，脸色并不怎么好看。我也不知道这样三言两语能否真的让她走出来。

等再见到她时，她已经换了一副模样。气色红润，精气神也回来了，整个人都是精心打扮过的。她笑着跟我打招呼，似乎已经走出阴霾。

“我本来以为离开他会活不下去，你知道我们以前有多好吗？不管我说什么他都会听，而且我们也没有什么大矛盾，不知道为什么突然就走到离婚这一步了，所以真的很不甘心。但后来我妈劝我，说一个人也没什么不好的，我女儿这么漂亮，难道还愁找不到好男人吗？所以我一下子就豁然开朗了。的确啊，我为什么要为了一个男人失了体面呢，难道哭哭啼啼能让人生变好吗？”她说这话的时候，语气已经十分平静，脸上带着一种时过境迁的淡然。

见过不少失婚女性，因为想不开，往往会歇斯底里不惜搭上自己的后半生去和前夫纠缠。像老何这样，能够快速走出离婚阴影，冷静体面地应对的，真的不多。我觉得，如果一个人在最艰难的时候都没有失去分寸和体面，那么以后的生活即使有再多的兵荒马乱，也不会影响到她。

以前的同事也说过她父母离婚的事，但结局却完全不同。

她母亲离婚后整个人都变了，原本勤劳的她变得懒惰，整天说活着没意思，家里脏衣服一堆一堆的，同事放学回来家里经常是冷锅冷灶的，连口热饭也吃不上。她母亲那段时间每天什么也不干，拉着她一起哭，一起骂没良心的父亲。似乎只有这样，她的心里才能舒服一些。

直到她上了大学，母亲才不那么记恨这件事。但不管是谁提到她父亲，她母亲都会一脸愤怒，恶语相向。

她说自己亲眼见证了十几年来，母亲因离婚而活成了怨妇的模样。比起同龄人，她老得很快，不到五十岁的人看起来却像六十几岁。

从小到大连她都不知劝过母亲多少次，原本母亲会有更好的人生，却因为离婚而将自己的余生都搭了进去。父母刚离婚的时候，她还小，母亲也还年轻，单亲妈妈独自带着孩子日子并不好过，但不管旁人怎么劝她都不愿意再找人。不是为了孩子，而是为了让前夫愧疚。她拿整个的人生来和前夫赌气，貌似赢了，但旁人却只觉得她可怜。

直到同事后来结婚生了孩子，一家人过得很幸福，她的母亲才终于有所改变。于是她趁机鼓励母亲出去多走走，去旅行，去享受本该属于她的美好人生，因为她已经为此耽误了太多时间。

在兵荒马乱的生活面前，惟有体面生存，才是维持尊严最好的方法。

面对婚姻的失败，若是明白自尊自爱，就不会让自己的人生跟着一起坍塌。

英国著名作家罗琳，在写《哈利波特》时，离了婚带着孩子，连基本的生活保障都得不到，她却依然坚持完成自己的写作，哪怕是用笔在餐巾纸上写，也会在任何时候有了灵感便马上记下来。

也正是因为写作，给了她后来体面的人生。

其实不管命运如何无常，我们都不应该放弃对生活的热爱。

不需多志存高远，将眼下的生活打理妥帖，已是维持一份小小体面的能力。

人生难免会遭遇兵荒马乱，失业、失恋、失婚……别哭，也别低头，你以为软弱会换来同情，其实事不关己的看客只想看你如何低落。

女人，时刻维持好一份体面，比起赚到多少钱，赢了多少面子更重要。生活可以不富足，但不能失了热情；生活可以没有爱情，但不能失掉情趣；生活可以贫穷，但不能失掉尊严。外界怎么看你不重要，重要的是看你怎么对待自己。

越是艰难的日子越是要活出个样子来。

生存很难，但体面不难。讲究的人，也会被他人讲究对待。

04

学会自律，人生自己掌握

Live a better
life in
imperfect life

想要幸福，别太懂事儿

Live a better life in imperfect life

有句老话，每个成功的男人背后都有一个默默无闻的女人。潜台词，是对这个背后的女人懂事的称赞。但我觉得，太懂事的女人其实很难得到幸福。太懂事，往往得不到对方的珍惜。

前同事陈姐是家中老大，底下还有弟弟和妹妹，她从小就谦和懂事。工作后，自己省吃俭用，所赚的钱多数交给父母，几年下来个人存款却寥寥无几。在父母养老问题上，她也理所当然地以为是她一个人的责任。

这种个性带到了她的婚姻生活里，在与公婆相处时，她也总会时时在意他们的生活需求。他们聊天说到自己腰痛，第二天她就买回膏药，公婆一年四季的衣服，全是她买的。

对于如此乖巧懂事的儿媳妇儿，公婆自然是很喜欢的。

如果她老公是独生子，她家肯定会是一片家和万事兴的画面。然而，陈姐老公还有一个哥哥，也已成家，两家挨得很近，就住楼上楼下。

陈姐因结婚不久，所以暂时跟公婆住一起，哥嫂也经常带着孩子下来走动，顺便看望两位老人。但听到公婆说到自己需要什么或者哪里不舒服时，他们从来都是置若罔闻。

同样是儿媳，自己对老人照顾得无微不至，大嫂却事不关己似的，饶是这样，两位老人也从来没有计较过。陈姐心里多少有点不平衡。

陈姐找老公诉苦，她老公觉得这都不算事儿，安慰她说："都是自己的家人，谁来照顾还不是一样，你要是觉得不平衡，你也可以和嫂子一样啊。"

于是，陈姐也开始这样做。有一次婆婆说想买个按摩椅，陈姐听着却不回应。婆婆表情难堪，闭口再也不提。

然而，晚上她老公一回来就质问她怎么回事，陈姐实话实说："你不是让我学着嫂子当没听到就好吗？"

没想到，她老公马上暴怒："你怎么能这么自私，以前你不是也买了吗，而且我妈经常在亲戚面前夸你懂事、孝顺，是个好儿媳妇，你看她什么时候夸过嫂子。"

陈姐觉得委屈，却又无言以对。

后来，她回娘家跟她妈提起这事，她妈听完，不但没有安慰她反而说："你一开始就事事顺着他们的意，又对他们这么好，所以当他们习惯你对他们好的时候你突然变了样，他们自然会不高兴。而你嫂子从一开始就没有对他们好过，如果偶尔对他们好一下他们都会觉得像得到什么恩宠一样。所以这就是你的做事方法的问题，你要不那么懂事，自然就不会吃力不讨好。"

陈姐说完后，叹着气对我们说："女人有时候太懂事真的不是什么好事，还以为就自己懂得人情世故，其实别人又何尝不懂呢？只不过都装不懂罢了。"

懂事的女人为了讨好别人，所以什么都想得周到体贴。殊不知，这种体贴和周到是建立在委屈自己的基础上。你的懂事，在别人那里成了理所当然，回头你稍有怠慢，对方反而只看见你的怠慢，忘了你以前的好。

在这个问题上，闺密的一个朋友就处理得非常好。所以在外人面前，她婆婆经常把她夸得天上有地下无的。

她结婚以来，基本很少做家务。她老公原本是不爱做家务，不会做饭的，但自从遇到她，不仅什么都学着做，还把她宠上了天。就这样，她在公公婆婆和亲戚朋友眼里，都是绝对的好儿媳。

闺密问她怎么做到的，她笑得神秘兮兮："会做人呗，不要太懂事，但又不能不懂事。"

原来，她在老公面前，随时都是一副小女人的姿态。不管做什么都拉着她老公一起，不管做得好不好，她都会鼓励他，称赞他做得好。后来慢慢地，她老公就养成了这种习惯。不过，她也不是全都让她老公做，而是会分工合作。

比如她老公做饭，她就负责洗碗，她老公扫地，她就擦桌子。两人把日子过得幸福而美好，从不需要为家事而争吵，她也有了更多的时间去做自己喜欢的事。

在公婆面前，她自然是要给老公留面子。所以事事顺从他，并且表现出一副贤惠的样子。因为她与老公约定，她家里的事情由她做主，而她老公家的事，她也不干涉过问。这样一来，不必两头操心，日子也能过得相安无事。

其实所谓的懂事，不过是想要表现出自己最好的一面，什么事都以他人的需求为先。但这必然不是长久的办法，是人都会有累的时候。

当有一天你的强大都被击垮，内心变得脆弱，希望有个人来安慰和体谅你的时候，发现竟然没有一个人能理解你此刻的无助，你就会感到难过和伤心，家庭矛盾也可能会因此出现。

不要太懂事，也不能一点都不懂事。这就是闺密朋友的持家秘方，说起来简单，但我相信很多人是做不到的，因为我们身上的习惯早已成形，已经不可能轻易改变。

曾几何时，懂事其实是一个褒义词。但随着时代的变化，被说成“懂事”已经算不得是一种夸奖。

记得有一回在长途车上听到一个女人在打电话，她坐在我后排，因为声音不小，所以我听得清清楚楚。电话那头似乎是个男人，但他们并非情侣或夫妻，可她却用一种很亲密的口吻对那个男人说：“你又去接孩子了吗？你家那个黄脸婆怎么没去呢，不是这些事一向都是她做的吗？”

我不知道如果这话被那个她口中的黄脸婆、任劳任怨的女人听到，会是什么感受。也许正是因为女人太懂事，给了男人时间和机会，来嫌弃勤恳持家的自己。

在一个懂事的女人的心里，懂事是一种责任。无论是对待父母还是公婆，抑或夫妻相处，要凡事考虑周全，要无所不能。烧菜做饭，大小家务事包干，马桶堵了自己通，灯泡坏了自己换，家具坏了还能修。而老公却在一旁跷着腿，等着万能的老婆把所有的事都做好。

这就是太懂事女人的悲哀，永远享受不到老公做好饭菜来叫自己，也得不到他的体贴与理解。因为他习惯了你的无所不能，就不要指望他换个角度考虑；习惯了你的伤痛自己可以痊愈，就不要指望在受伤的时候他来为你贴个创可贴。

不要太懂事，并不是说我们要蛮不讲理，时刻需要别人来将就自己，重要的是把握好这其中的度。

有人在爱情里喜欢作，喜欢拿各种方法去考验对方，以此确定自己的地位和对方的爱。这就属于太不懂事儿的，分寸掌握不好，小心适得其反。

所谓的别太懂事儿，意思是要适当为自己考虑和争取。人生最不能让的两样东西，爱情和幸福，在把握这两样之时，任何东西都可以在力所能及的范围之内去谦让和大度。所谓的懂事，不是一味地让着对方，更不是所有的亏都自己吃，而是在生活中，要表现得大方得体，不自私自利。

女人，只要辨是非，明事理即可，不必太懂事。幸福不是靠懂事而获得的，偶尔适当地小作一下，既能怡情，还能让对方更懂珍惜。

姑娘，拼事业，别拼命

Live a better life in imperfect life

前不久看一个叫《演说家》的节目，里面讲到一个二十六岁的姑娘，由于工作繁忙，劳累过度最后得癌的故事，让人十分唏嘘。

不知何时，朋友圈里开始流行，“我很忙，也很贵，我贵得让你高攀不起”。然而，这个姑娘有句话却直戳人心：“不要以为每天运动，练出马甲线就拥有好身体，一年一次的体检才是对自己最基本的保障。”

看完这段视频，很多人都流泪了。然而流泪过后呢，很多人心疼自己，但有几个人真的停下手中的工作去好好关照自己的身体？

因为，忙，累，已经成为我们的习惯。

一个老朋友结婚好几年想要个孩子，却一直没有怀上。她跟我说这事的时候，无意提起前几年因为忙事业而差点丢了命，顿时悲从中来。

刚工作的前两年，她几乎所有的时间都扑在工作上，所以很快做到部门经理，升职加薪，过上许多人梦寐以求的生活。直到有一天，她晕倒在洗手间里。当她醒来时，被告知身体问题众多，劳累过度而引起贫血体虚。其实那时她的例假已经几个月没来了，只是她没当回事儿。

医生说："再不休息你就等着住院吧。"

这一次只是警告，她没有听。回到公司继续浴血奋战，毕竟人还年轻，身体恢复得很快。用她的话讲，好好睡上一觉醒来什么事都没有了。

然而，老天也没有跟她开玩笑，她在二十七岁时，被检查出子宫有问题，严重的话可能要切除子宫。这对女人来说，打击太大了。

这一次她不敢再大意，吓得急忙找当医生的同学咨询情况。还好，病情还没有严重到必须切除子宫的地步，但同学认真地跟她说："你真的不能再这么拼了，我在医院见过太多猝死的人，他们有的年纪还没你大。"

她听得心里一颤，这才开始放下工作。不紧要的聚会能推就推，晚上尽可能十二点前就睡。她说："直到躺在冰冷的手术台上才知道，一个人不管在职场上如何呼风唤雨，此时也只能听天由命。”

现在，她虽已过了生孩子的黄金年龄，但还是很想要个孩子。哪怕这个过程很苦，哪怕希望渺茫，她依然抱着希冀，“那么多明星四十几岁都能生孩子，我才三十几，怎么会没希望呢？”

说实话，每次想到她备孕的艰难，我都会默默地关掉电脑去睡觉。因为我们的确不知道，意外和未来到底哪个先来。

我们听到过不少明星名人年纪轻轻突然去世的消息，但总觉得离自己太遥远。但当身边的朋友身体出现问题时，那种逼到眼前的真实的危机感让你忍不住深思。

之前和朋友聚会，其中有一个“90后”的女生，脸圆圆的，很是可爱。虽工作时间不长，却一副事业心极强的样子。在我们深聊后才发现，她其实从小就有一种病，必须服用激素导致身体发胖，怎么控制也没办法让体重低于一百二十斤。

大学毕业后，家里人要求她回老家，因为家里给她安排了轻松的工作。但她却希望留在成都，毕竟这里有更多的机会和更好的发展。家人最后没办法，由着她去。不过她心里也清楚，身体上的病不知道什么时候就会发作，这种病，不能摔倒，不能有伤口，因为一旦流血就会有生命危险。

在我们聊到一半的时候，闺密汤汤突然起身去洗手间。

回来时发现她眼眶红红的，等这个女生走了之后她才对我说：“你记得我有几年时间没有跟你们联系吧，其实我是在住院，我的病跟她一样，当时医生几乎判了我死刑。我绝望地躺在靠窗的病床上，差点就想跳下去了。”

我心里一沉，汤汤以前也是一个事业女性，后来才开始过起相夫教子的日子。以前她是一边上班一边业余开培训班，每天几乎都忙到深夜，那段时间我们联系很少，因为总看不到她人。断了的几年联系中，本以为她是忙着恋爱结婚，没想到竟然是因为生病。

“我刚才真想劝她回老家去吧，可是我知道，有些话说了她也未必会听，就像我当年一样，如果不是医生判我死刑，我又怎么会关掉培训班，辞掉工作呢。”汤汤说到最后，连声音都似乎有些颤抖。

我想，若不是经历了生死，真切地感受过那种绝望，汤汤也不可能会如此感同身受。成功必然需要付出代价，但谁都不希望这个代价是自己的身体吧。

所以姑娘们，拼事业但别拼命。

努力工作，让自己和家人都过上好日子，这是个美好的愿望。但这个好日子的代价，绝对不能是自己的健康。

现代女性为了实现个人价值，拼起命来一点不输男人。但长期熬夜和过度用脑，透支了我们的健康，身体的机能也会下降。我们的身体其实和电脑一样，体内的器官长期被迫加速运转，得不到休息，终有一天会突然死机。

别对小病小痛习以为常，因为这背后可能有更大的隐患。我们以为可以控制自己的身体，却不知道它其实是不受控制的。

别说你还年轻，你不怕。再强壮的身体，也经不起没日没夜的工作，哪怕你的精力再好，也需要有个缓冲时间。

现在有越来越多年轻人在工作中因过劳而猝死的案例，他们中很多人都不到三十岁。

没有一个健康的身体，什么个人价值，什么名利，让家人过上好日子的美好愿望都是虚的。年轻人在社会打拼，可以努力，但别透支。最少要保证按时体检，每天都有基本足够的睡眠。

保存足够的体力，才是赢到最后的前提条件。

宠爱自己，是自己的事

Live a better life in imperfect life

闺密谷谷向我展示她刚从国外血拼回来的一大堆东西，香奈儿的包，TF的口红，CPB，YSL方管……她一边一张张摆拍好发给我，一边说道：“现在我终于明白，宠爱自己果然还是自己的事。”

我在这头笑着说：“挺好，现在明白还不晚。”

谷谷突然严肃地问我，“我以前是不是特别没出息啊？竟然为了一个男人要死要活的。”

她说的是当年她犯的那些傻事。

她工作没两年，就喜欢上一个客户，而这个客户也不止一次在工作中对她示好。于是，她辞职了，那个客户也顺理成章成了她的男朋友。

刚在一起的那两年，对方对她很好，凡事都迁就着她，生活上把她照顾得无微不至，知道她胃疼，每天早上熬好粥送过来再去上班。然而，就在她以为自己找到真爱时，对方却提出分手，理由是感觉性格不合，没有共同语言。

她一听就蒙了，因为她本打算年底带他回家见父母的。

分手后她每天沉迷在失恋的痛苦当中，不是拉着我买醉，就是哭喊着要打电话求复合。终于有一天她冷静下来，让我帮她分析分析，究竟他们还有没有可能。她说男生对她很好，虽然收入不多，却很舍得给她花钱，像出去吃饭，旅行，逛街买衣服都是对方花钱，说到最后补充了一句："这应该是真爱吧，不然怎么会这么舍得给我花钱呢？"

我问她："你花钱的时候，他嫌你花得多了吗？"

她思索半天，犹豫不决："有提过一两次，但都只是说说而已。"

"你们还没有结婚，为什么你要这么理所当然地享受他的付出呢？先不说他愿不愿意，有没有钱，单就在花钱问题上你也该财务分明。"我说这话，并不是觉得谷谷花得不对，而是她不应该花得这么理直气壮。

"哪里不对？他自己也说男人应该赚钱给女人花，而且一开始我也不要的啊，是他自己硬说要让我花的，难道我花了他的钱倒成了他嫌弃我的理由了？"她振振有词。

而在我看来，这也许就是他们分手的主要原因。

很多女人在恋爱当中，就迫不及待地当起了对方的理财管家。其实不管一个男人有多爱你，或者有多大方愿意让你来管钱，你都不能把这件事情当成理所当然的。因为在爱情当中，从来没有谁的付出是应该的。你若缺钱，应该自己努力去赚钱。一旦你变得只知道手心朝上，没有独立的经济能力，那在爱情里也不可能会有话语权。

如果一厢情愿地认为，一个男人爱你，就该要花钱来取悦你，想要什么他就应该买什么才能证明他的爱，那就真的想错了。毕竟男人的钱也不是大风刮来的，他愿意送你礼物，是他的情分，不是本分。你若一心想在他身上索取，那最终也会失去这份爱情，让对方看低你。

谷谷当时也在爱情里犯了这个错，一味地认为，花男人的钱天经地义，你若爱我，就把钱包交给我。可是，当她以为这就是幸福的时候，对方却早已厌倦和看透，认为她是一个不思进取，不懂自尊自爱的女人，只要有钱，谁都会是她的爱情。我对她说："你花钱没错，但不应该只想着花男人的钱，更不能把对方当成提款机。而且在爱情里，你们是平等的，他没有义务来养你，你也没有理由把对方的存款吃干抹净。"

好在谷谷是个聪明的女人，虽然当下会犯糊涂，后来也很快清醒过来，独自去了上海打拼，没几年已经小有成就。

一个女人在爱情里备受宠爱不一定是件好事，过度宠爱有可能会让她不思进取，索求无度。

我有一个亲戚的女儿就是这样，她人很好，也嫁了一个条件很好的老公。虽然她婆婆并不怎么待见她，但她老公很宠她，不用她上班，每天想干吗就干吗。

可她最大的爱好是打麻将，而且打得很大，一把输赢就在上千块。发展到后来，她宁愿牺牲睡觉的时间，牺牲陪伴女儿的时间，也不愿意少打一场麻将。

自从生了孩子，基本上什么事都不做，每天吃完饭就约牌友来家里打麻将。有一次女儿在卧室里哭得声嘶力竭没人管，她却跟牌友在客厅里打得热火朝天。最后一个牌友看不下去了，劝她去看看孩子吧，她这才恋恋不舍地进到房间里，一看孩子的尿布已经溢出来了，饿得已经没力气哭了。

于是她换好尿布，抱着孩子一边喂奶一边继续打。直到有一天，她婆婆突然造访，见她这样带孩子，气得把桌子都掀了，当场打电话把她老公叫回来。

最后，她婆婆下了通牒，要是再这样下去，要么离婚，要么孩子放婆婆那里带。事后，她老公和她苦口婆心地谈了一晚上，可算说通了。

后来她开了一家服装店，专心经营起店铺。自从她有了事情做，整个人也恢复了当初的风采，麻将偶尔也还打，但顶多是小赌怡情的级别了。如今的她令她老公刮目相看。

宠爱自己，其实太笼统了。什么才是对自己最好的宠爱？背名牌包，出入坐豪车，吃穿讲究，花销不愁，这是最好的宠爱吗？

当然，你若有钱有实力，给自己花再多也无所谓。但若经济实力不够，工作平平，婚姻暗淡，就无法宠爱自己了吗？

我觉得，宠爱，说白了就是对自己好，懂得把自己的价值发挥到最大，把自己的人生过得精彩丰富，能在这个偌大的世界找到自己的一席之地。有人尊敬，有人欣赏，有人认同。经济独立，精神独立，就算单身一人，也有能力过上体面的生活。宠爱自己，永远不会让自己落单。

寂寞时，电话里有一个可以永远为你“待命”的朋友；兴起时，有一个人陪你畅怀举杯；难过时，有人陪你彻夜难眠；高兴时，有人与你一共分享，真诚祝福。

努力工作，是为将来可以不求人；贪心赚钱，是为将来可以衣食无忧，奉养父母，不给朋友添麻烦；熬夜加班，是知道每一分的付出都必然会有收获。

宠爱自己，是一种灵魂的升华。

学习、工作、旅行，热爱生活，挑战生活，享受生活。有能力，也有精力，同时也保有一颗热诚与信念。

要记得，无论何时，等别人来爱自己，不如自己给自己宠爱。

别去和别人攀比，甲之蜜糖乙之砒霜，别人拥有的幸福，未必适合你。只要宠爱自己，自给自足，总有一天，会有人为你锦上添花。

舍得，
才是人生大智慧

Live a better
life in
imperfect life

人生是有舍才有得，这似乎是许多人都知道的道理。然而，我们身边依然不乏一些人，她们不愿意舍，一心只想得到，最后发现不过是得不偿失。

就在前两天，母亲打电话时说起邻居家的男人，因在干活时伤了手，电锯差点将整个手掌锯掉。她去看了，血流一地，惨不忍睹。而这家的女主人，被吓得呆若木鸡，浑身发抖，竟然都忘了叫人帮忙赶紧送医院。

听母亲说时我想起，他们家最近几年真是多灾多难，男的受了四五次伤，次次都是致命的，而女的也不止受了一两次伤。

母亲挂电话前忍不住感叹了一句：“这个女的也算尝到苦果了，以前每次都骂她老公死鬼，短命鬼，我看她老公多半都是被她咒的。”

挂上电话，我心里久久不能平静。想起每次与先生有所争执，他都会劝我要放宽心，人生该是你的就是你的，不是你的也强求不来。以前被他宠得有些任性，根本听不进去这些道理，但现在血淋淋的教训摆在眼前，我也有了三分惧怕。

出事的这家人，在我很小的时候，就对他们有所了解。因为是邻居，他们家有点什么大小事，女的都会弄得周围人都知道。只记得这个女人很要强，得失心重，不管是外人还是妯娌间，凡事不能吃一点亏。

一开始，这家男人还是讲道理，但随着这个女人越来越霸道，男人也开始变了。因为一旦有事男人不帮她，她受了委屈他不去替她讨个公道，她就会坐在家里大骂男人没出息之类的，慢慢地，男人也开始变得会跟着她一起去争。

记得男人的爸妈过世之后，家里留下一些东西，按理说是几个兄弟分。但没想到，因为几个瓶瓶罐罐，女人竟然怂恿男人去找自己的弟媳闹，更没想到的是，这个男人还真的去闹了。

因为这些事，导致很多人都不喜欢他们家。年轻的时候，他们家在我们那儿日子过的是最好的，但没想到到了中年，日子却是一天不如一天。连这男人的亲哥哥都说，他们家的好日子也该过够了。

这一次男人受伤，母亲说也是因为女人的原因。家里刚添了小孙子，开销大，眼看着快过年了，就让男人想办法弄点过年钱回家，男人一在家里休息着她就破口大骂。正好有人找男人帮忙修下家具，他带着电锯就出了门。

哪知，没多久就出了事。因为戴着手套，所以手被卷进了电锯当中，整个手掌被锯得只剩一层皮。女人闻讯赶过去，看到这一幕，吓得连话都说不出来。

男人被送去医院后，许多人围在一起讨论。但大都是说他们家活该报应，谁叫年轻的时候那么喜欢争，到最后连老人也不管云云。说到女人时，都说她嘴巴太毒，骂起人尤其骂起她老公来特别难听。男人本来老实巴交，因为这个女人，把左邻右舍都得罪得差不多了。

说到底，就是这女人太计较太贪心，永远不知足，最后酿成悲剧。在这世上，人若太计较得失，反而会失去更多。有句话不是说，“不为贫困潦倒而苦恼，也不因为富贵荣华而欣喜”。做人得失心太重，只想得到不想付出，人生的乐趣就会变得越来越少，甚至到头来把原本拥有的都弄丢了。

听朋友说过一件事，是她亲戚的故事。老人有两个儿子，都到了成家立业的年龄，但家里没多少积蓄。大儿子娶老婆时，老人花了不少钱，等到后来小儿子结婚基本就没什么钱了，因此在这件事情上对小儿子感到很愧疚。于是，他们打算百年之后，把房子留给小儿子当作补偿。

但是，这个小儿媳心里却一直不平衡，她觉得房子的事儿太遥远了，老人给大儿子结婚花的钱比他们多，却是实实在在的事儿。

因此，她不止一次找到老人吵闹，每次一吵就把这件事情拿出来说。一开始她老公多少觉得对她有点亏欠，帮着她说话，指责父母偏心。

然而一而再，再而三，连她老公也不帮她了，因为结婚好几年了，她一直紧抓着这件事情不放，她吵也吵了，闹也闹了，她老公觉得这事就算真的欠她的，也扯平了。

而与此相反的是，大儿媳一直对两位老人很好，因为在结婚时老人对他们的帮助，让她非常感激，所以无微不至地关心老人的生活起居。

时间一久，人心就开始转向大儿媳。到最后，老人死后把房子财产全都给了大儿子，小儿媳虽然还想争，却什么也得不到，因为老人早就立下遗嘱，一分也不给她。为此，她老公对她也埋怨很深。

有人说，这个小儿媳是因为一开始公婆的不公，才会导致她在这件事情上争执不休，所以也不全都是她一个人的问题。但我觉得，并非如此。

不管是吃亏还是真的不公平，既然她的公婆已经许诺要对她做出补偿，她就不该在这个问题上继续纠缠不休。无论最后是不是真的会补偿，但她的大方与舍得，也会因此受到别人的尊敬。可最后，所有人都认为是她自食其果。

当一个人的行为举止，已经偏颇到超过了人们的接受度，就算真的一开始是你有理，到最后也没人为你站队。

祸兮福报，全都是因果关系。越舍得的人，会越来越有，而舍不得的人，越想得到的人，反而到最后一贫如洗。

小时候生活在小地方，见过许多女人，连块土都要往家里扫，但日子却越过越穷；可很多大方的人，不管家里穷也好，富也好，他们待人和气，从不与人争与人抢，反而日子过得越来越好。

虽然人们都说，一个家里最重要的是，男人要能干，会赚钱。但实际上，在对外的时候，一个家庭是否可以受人尊敬和喜爱，大多靠的是女主人的智慧。

“成大事者，不拘小节”，指的是在小事上斤斤计较的人，一定成不了大事。

有得必有失，不管是对待任何人，或者任何事，重要的是选择。你选择赠人玫瑰，必然手有余香。若你把玫瑰留在自己手里，最终也只会凋落。

这就是舍得的智慧，也是人生在世最需要谨记的原则。

三十岁以后，你的人情还值多少钱

Live a better life in imperfect life

看到有人发了这样一条朋友圈：“有些人一有事就来找我问这问那，今天请人帮忙投个调查票，结果那些找我帮过忙的都装死，所以这次我也会默默删掉了哦。”

这让我不禁想到，在我们身边真的有那么一些人，一有事就来找你帮忙，态度卑微诚恳。可一旦你有求于他，哪怕是举手之劳也不愿帮忙。

所以到了三十岁以后，你就该估算一下自己的人情值多少钱了。

以前公司里有一个女同事，为人很自大，永远以自我为中心，喜欢自来熟。新来的同事她不到一个礼拜就能和人混熟，她自以为在人缘关系上很得心应手。谁新买了口红、香水、包包，不管对方愿不愿意她都要试一试。

她最常找人帮的就是找人带外卖，一到吃饭时间，她就像没长腿一样，见谁都说，今天我不太方便，你帮我去某某店带份牛肉饭吧。可她从来不问别人去哪儿吃，是不是顺路，常常导致别人吃完饭后还得绕道去帮她买饭。

到后来，公司同事除了领导以外，几乎每个人都帮她带过外卖，连不太熟悉的同事都不放过。对于请人帮忙这事，一次两次还好，我一直是秉承着能自己做的就尽可能不麻烦别人的信条，但自从认识她以后，直接刷新了我的三观。

按理说，别人帮了她之后，她应该会心存感激。哪怕是顺便，但既然是麻烦了人家，就已经是动用人情。可她却不以为然，反而觉得别人也就是举手之劳，不必当成多大的恩情。

有一次，公司另一个女生突然来了例假，肚子痛到连饭都不想吃。正好她出去吃饭，于是就请她帮忙带包卫生棉回来。结果她想都没想直接回拒："哎呀，那得去超市买吧，我不太顺路呢，要不你让别人帮你吧。"

从此以后，她再请那个女生帮什么忙，对方都会选择无视，其实大家私下都认为那个女生做得对。

没多久她辞职回了老家。去年她结婚，在朋友圈里晒出自己的结婚照，我发现原来的同事几乎没有送祝福的，这也许就是她对人情不在乎的结果吧。

不过，结婚后的她依然没有改掉原来的习惯。之前我发了一张新房搬家时朋友聚会的照片，结果看到她在底下留言：“什么时候我来了你一定也要好好接待我哦。”

出于礼貌，我回了个笑脸。但这被原来一个同事看到，她是个性格直爽的人，就找到我说：“你回她干吗，假装没看见就好了。你不知道，她这个人真的是什么事儿都理所当然。前不久我找同学在国外帮我买了条裙子，在朋友圈里发了一下，顺便感谢同学的帮忙，结果你猜怎么着，她竟然私聊我说，什么时候也让我同学帮她带一条，我当时就想拉黑她了。”

我笑着安慰同事：“没事，我就是礼貌回复一下，我现在也不是随便什么人都去帮的。”

随着年龄的增长，我们都已经有了自己对人生的沉淀，真心朋友留在身边，逢场作戏的也不再联系。所以对于人情关系，也不必什么都往自己身上揽。真正能帮你的不必客套，不能帮你的客套也没用。

在人情关系上，我闺密就很有自己的一套方法。因为她有自己的原则和底线，什么该帮，什么不该帮，什么可以帮，什么坚决不能帮，都分得特别清楚。

闺密公司里有个新来的女生，嘴很甜，别人有什么事她都抢着帮忙，大家也很喜欢她。然而，等人心收买得差不多的时候，就开始开口借钱，而且借到手往往就没后文了。她借钱的理由很多，比如自己母亲生病了，需要钱买药；要交房租了工资还没发；大学同学来找她没钱请对方吃饭……

她借钱的时候往往是楚楚可怜，很多人觉得她也不容易，所以就借了。直到有一次，她找到闺密，又故技重施："姐，我这个月工资还没发，但我妈最近要来，你能不能借我两百块，我想带我妈去玩玩，她还从来没来过大城市呢。"

语气和声调都把握得特别好，换作任何人都会直接借了，毕竟两百块也不多，可她偏偏找的人是闺密。闺密笑容亲和，语气温柔地说："没问题啊，不过你妈什么时候来呢？我明天正好休息，要不我开车带阿姨去玩，大家既然是同事，顺便我也看看阿姨的身体好点没，之前我记得你找那谁借钱说是给你妈妈买药，对了，钱好像你还没还给那谁吧。"

此话一出，女生立马找借口溜了，再也没有找闺密借过钱。不久后她辞了职，但据说很多人的钱都没还清。

闺密这人说话直，经常揭人老底，不过她也说，对什么样的人就得说什么样的话。如果对方是没皮没脸的人，你自然也没有必要给她留面子。

人情往来，当然是要有往才会有来。

很多人都以为，对方就是举手之劳，不值一提，自己也没必要记在心里。但也许，你眼中的不值一提，其实给别人造成的是时间和精力上的浪费。

你的无所谓，其实在慢慢透支你的人品，最终变为负数时，你离被踢出对方的交际圈也就不远了。

这个时代最贵的，其实是人情。不要以为，这世界上所有的人都心甘情愿被你利用，又或者你可以独得所有的好处。

对很多成功人士来说，人情是一种资源，讲求积累和善用，不能滥用。所谓人情世故，人情与世故不可分离。有人只知世故却不讲人情，也有人只懂人情却不知世故，无论哪种，都是自毁门路。

我有难时你愿意伸出援手，他日你有需要，我自义不容辞。慢慢地，做到普天之下皆朋友，这样的人不成功，谁成功？

只是，不能随意将人情动用。力所能及之事，就尽可能不要烦恼他人，若是迫不得已，记得在对方帮忙之后予以感谢，尽可能地回报。

很多人觉得，朋友之间，帮个忙，还讲回报，太实际了。事实上，关系是虚的，生活是实的。如果你知道朋友缺什么，在你力所能及的时候，恰好以此回报，这才算是真朋友。友情，也需要接地气，不是吗？

一个三十岁的女人，应该要懂得一些道理，也应该铺排好自己的人情关系。清楚谁愿真心帮你，谁只是客套，谁又是一生至交。

即使身为女人，三十岁以后也不能只围绕着老公和孩子转。人情走动，礼尚往来，都需要下足功夫，认真学习，才能保障三十岁以后，你的人情可以值钱。

保持好心情，日子永远不会太坏

Live a better life in imperfect life

生活的压力让我们忘了要保持微笑，常常愁眉紧锁地过日子。然而，其实心情好了，很多事情才会解决得更畅顺。

我一直觉得，保持好心情，才能应对坏生活。

好友让我帮忙还信用卡，这个号称自己是“二次元少女”的姑娘，到现在为止都还没有开通网银，连支付宝都没有。

数目不多，我也没多问直接还了。但等银行问她要代还款人姓名时，她却三番两次地弄错，最后一次还在微信上发来无奈脸问我：“到底是谁帮我还的款啊，为什么对方说查不到名字。”

后来我一看截图，原来是她把还款账户的名字输错了。我重新告诉她之后，她有点心力交瘁地说：“你知道吗？这是我弟偷偷背着我们去分期付款的苹果手机，结果没用一个月就被偷了，一想到每个月还要还款，我干脆帮他全还了省得看着心烦。”

我正想回一句“中国好姐姐”时，她又补充了一句：“我差点没打死他。”

因为我了解好友的个性，她是个不会轻易动怒的人，所以即使说出这样的话，也不过是一句玩笑罢了。

不过，她的人生也并不是一帆风顺。上大学时她父母离了婚，她弟弟是轻微智障，母亲没有收入需要她来考虑养老的问题。而父亲组织了新家庭，前不久又替她添了个弟弟。

记得当时，我听到这个消息，没反应过来，还很白痴地问了一句：“阿姨多大了，竟然还能生，真厉害。”

她狠狠地回道：“不是我妈生的。”

我瞬间明白过来，想到前不久她还说：“你知道我弟不够聪明，以后肯定是不能继承我爸的家业了，所以我爸才打算再生个儿子好好培养。”

当时我以为她是开玩笑，但没想到不久之后，计划变成了现实。

很多家庭离婚后，孩子都会怨恨自己的父亲或者母亲。尤其是像好友的父亲，这么大岁数还找个女人给自己生儿子。

可是，她却一点也没有怨恨过，反而很尊敬自己的父亲。

之前她父亲出差顺路过来看她，她还特意抽出时间来陪他吃饭，请他看电影。

我真想说，换作是我真的要考虑一下。

因为在他父亲老来得子一片祥和的气氛时，她在考虑着下个月的房贷怎么还，借朋友的钱什么时候可以还清，弟弟将来的生活怎么安排，母亲的养老问题怎么办。

然而，即使她有再大的压力，她也能乐观以待。

只因她明白，只有好心情，才能应对坏生活。生活永远不会更坏，只有越来越好，而决定你生活好坏的，是你的心情。

说一个我邻居的故事。虽然故人已去，但我永远记得当初她拉着我痛诉自己女儿不孝的情景。

邻居与我家是远亲，所以自小就常在她家里玩耍。她生了两个女儿，大女儿没念成书，早早出去混社会，小女儿比较有出息，成绩一直很好，后来读完医科，工作也不错。

可她很喜欢碎碎念，常念叨自己女儿不听话，不争气。因为生了两个女儿，又有老旧的传统思想，所以一早就打算好将来一定要把小女儿留在身边，结婚也一定要招上门女婿。

小女儿明白她的心思，知道她的不易，当初念书也是家里倾尽全力，省吃俭用供出来的，所以小女儿事事顺着她意。两个女儿其实工作收入都不错，对她也很好，只是她的担心却一直没有停止过。

在小女儿结婚之后，她就一直希望在老家买房子。可小女儿觉得，自己已经买了房子，现在的经济也不允许再买一套，所以就没有同意。她不乐意了，觉得小女儿不孝顺，嫁了人之后就只想着婆家而不管她这个亲妈了。

其实，只要一提到两个女儿，旁人都说她好福气，苦尽甘来了，终于可以享福了。只有她没日没夜地忧心，觉得女儿没有顺着自己的心，这个不好，那个不足，好好的日子，没几天是过得舒心的。

因为她与我亲近，从小到大我也视她如亲人。所以她也常向我抱怨，当时年纪小并不懂怎么安慰她，没有想到她慢慢积郁成疾，最后患上重病。

她的两个女儿倾尽家产救治她，在被告知母亲时日不多时，两人抱头痛哭却也只能束手无策。直到生命结束之前，她依然满怀遗憾和不甘。

如今，她的两个女儿日子过得都不差，把自己的老父也伺奉得很好。我想，如果她不那么纠结，可以放宽心好好享清福，如今也能颐养天年了。

但没有如果，逝者已矣，生者长斯夫。

其实人生在世，有什么值得忧心忡忡的呢。未发生的，没必要担忧。发生了的，积极应对。任何时候，都要乐观以待。日子再坏，你至少身体健康，父母安在，家庭和睦，不必劳神家事，家中也不等米下炊。这样一想，还有什么不足？

脾气越暴躁的人，越容易心情不好。一有不如意，就会发脾气，而且容易迁怒于人。但是，如果试着心平气和去解决，会发现这些都是极其微小的事情，根本不足为怒。

特朗普被人指责不配当美国总统时，相信他的心情一定是暴跳如雷吧，但他的反应却显得很冷静。配不配让别人说去吧，反正他的总统之位已经坐实。

聪明的人懂得把坏心情留给别人，自己去过好日子。

主妇的好心情，让家里变得舒适温馨，让饭菜变得可口，让老公孩子享受最高待遇；职场女性的好心情，让工作更轻松，难问题变容易，让升职加薪都能手到擒来。

拥有好心情，不仅他人更喜欢与你交往，家人也更信赖和相信你。心情有多好，日子就会有多好，再坏的生活，也抵挡不了好心情的诱惑。

以前，每次与先生吵架，他都会放下手上的工作承受我的无理取闹。只是每次到最后，他也会说一句："你知道吗？在你不高兴的这段时间，我又丢了一个客户。"

我问他为什么？

他说："因为你心情不好啊，所以我必须放下一切来哄你高兴，自然也没有精力做别的事。”

虽然知道是开玩笑，但细想其实真是这个道理。我们用来发脾气的时间，实在太浪费人生，浪费机会了。从此我就不再随便发脾气。我发现，自从我学会用好心情应对生活琐事，精神也不再压抑，整个人更轻松自在。

都说爱笑的姑娘运气不会差，当你把所有的事情想得乐观一点，积极一点的时候，你会发现任何问题都能迎刃而解。如果实在做不到，就照一照镜子，因为此时镜子里的你，一定是丑陋极了。

懂得尊重，是最基本的修养

Live a better
life in
imperfect life

小区门口新开了一家餐馆，生意火爆。

我与先生也打算尝尝味道，看是不是像看起来般美味。到了后发现，人的确很多，不过也许是新开的店，所以服务员忙起来有点手忙脚乱。

我们点完菜后，大约等了半个小时左右才上第一道菜。说实话，按照这个速度，我想任何一个客人都不会回头光顾，宁愿绕远路去别家也不再来这里。

不过，我也发现这家店的老板娘人很好，态度谦和，服务真诚，服务员忙不过来的时候，她自己就负责点菜，还端菜收拾桌子。我的好感度又增加回来。

我们正吃着，旁边一桌客人突然发了飚，大声喊道：“老板，我们的菜怎么还不上？”

老板娘急忙跑过来解释，一看菜单，原来是一个年长的服务员上错了菜。于是，她连忙赔不是，又催促厨房优先上菜。然而，那桌年轻的情侣却没有打算就此放过，女生说：“你们这什么服务啊，上错菜我就不要了，赶紧给我上别的。”

老板娘一听，表情有些难堪，却赔着笑说：“不好意思啊，因为您没有说，所以我已经让厨房优先把这道菜做了，您看可以先上这道吗？”

其实，老板娘的语气和态度都已经足够低下，即使是我这般挑剔的人都感觉不好再说什么，但那个女生却更火：“你什么意思啊，强买强卖是吧，我说不要了就不要了。”

最后，无奈的老板娘只得让厨房更换，并一再赔不是。本以为这事就此了结，然而，一直不开口的男生突然说道：“要不算了吧，反正不都是吃嘛，赶紧吃完还得陪你看电影呢。”

女生怒火一下子被激得更旺，一巴掌拍在桌子，众多客人都是一惊：“你帮着外人说我，你这男朋友当得够可以啊，帮着你父母也就算了，现在竟然还帮着外人。”

我和先生本不打算凑热闹，结果他们离我们的桌子实在太近了，他们的对话我们也听得一清二楚。

这对情侣似乎是因为中午刚见了家长，男生的父母不知说了什么让女生不高兴了，并且由于男生帮着父母说了她两句，所以她就直接甩门而去。男生为了哄她高兴，放下加班陪她看电影。

两人越吵越激烈，没想到最后在服务员上菜时，女生直接起身推开盘子，朝门口走去。我看到男生脸上写满了郁闷，大概他也是忍到了极点，才会在这种公众场合不顾形象地跟女生争吵吧。

不过，他付了钱之后，又对服务员说了抱歉，这才跑出去追女生。等两人都离开了餐馆后，众人明显都松了一口气。

先生笑着说："这女生比你还野蛮啊。"

我直接否认："我才没有。"

先生说："你是没有，你比她更懂得尊重人一点。"

我笑着给他夹了一块肉，不再反驳。的确，在他们的争吵当中，女生所有的缺点展露无遗，霸道、刁蛮、无理、不懂尊重。

不过，这似乎也是现在许多女生在恋爱当中常犯的毛病。恃宠而骄，随时随地不分场合地发公主脾气。殊不知，旁人看了，只觉得她修养很低。

很久以前我还在租房子住的时候，就曾遇到过一对夫妻。这对夫妻看起来很年轻，女的三十几岁，人不坏，就是脾气差点，我常常能听到他们家里的争吵声。

有一回，她吵完架夺门而出，刚巧碰到我下班回家，于是她不好意思地问我："可不可去你那儿坐坐。"

我没有拒绝，邀请她进了门。结果，她一坐下就开始数落自己老公的不是。我听了半天，却听不出她老公究竟是哪里有问题。

等她稍微心平气和时，我问她：“你们是从一结婚就开始吵吗？”

她摇摇头说：“当然不是，一开始他对我可好了，什么都依着我，什么都宠着我，但后来有了孩子，他就变了，不仅不听我的话，还什么都他自己说了算。”

她说起当初男人对她的好时，满脸的欢喜和羞涩，似乎还保有一个少女对爱情的向往，然而，说到他老公不听她话的时候，则是满脸愤怒。

我想，她大概是在难过这种落差感吧，一开始被宠成公主，现在却不把她当回事，换谁也忍受不了。

不过，在我细问之后，我发现其实不是她老公变了，而是她变得越来越强势，越来越霸道。

刚结婚时，他们俩什么都是有商有量的，她沉浸在爱情当中，还算是温顺的，两人虽然共同商量，但最后决定常常是老公做的，她也没有异议。然而，婚后不久，两人的矛盾开始显现，她的强势本性也显露出来，一言不合就跟老公红脸，并且只要不顺着她，不管在什么场所，她都会要求她老公当面服软认错，否则就是不爱她。

可是一个男人，长时间被镇压在一个女人的权威之下，势必会反抗。而且，她变得越来越凶悍，男人慢慢对她丧失了耐性。

我劝她说："其实偶尔换个角度想想，说不定就不会有这么多矛盾。以前我妈也老跟我爸吵，有一次，我爸说我妈不懂尊重他，我妈一气之下离家出走，她以为我爸离了她活不了，其实，在她离家出走的那几天，我爸什么事都安排得井井有条。其实，这世上没有谁离了谁是活不了的，适当给对方一点尊重和空间，也是给自己留余地。"

不知她有没有听进去我的劝说，总之后来似乎两人的争吵变少了很多。

懂得尊重，是一种修养。这种修养，是在言行举止里体现的。婚姻当中，如果忘了彼此尊重，只会让这段婚姻，苟延残喘。

有修养的人经营的婚姻，是以尊重为基础的。不要认为，你的另一半理应一辈子为你使唤，不会反抗，不会觉得累，不会觉得辛苦。殊不知，他只是还未爆发而已。

失败的婚姻，往往有一个刁蛮的女人，或者一个不顾家的男人，两者其实都对婚姻对爱人缺乏尊重。

那对小情侣中的女生，也许是从小到大被父母宠爱，长大后又有幸遇到一个宠爱她的男友，所以目无尊长，在长辈面前一言不合就夺门而出，正是一种无教养的表现。

一个人的教养，不是读多少书，也不是在场面上的游刃有余，利落大方，而是在待人处世上，有同理心，懂得尊重他人。

小时候，母亲教育我，见到熟人，无论身份背景，见面都要主动打招呼，否则人家会认为你父母没有把你教好。我一直谨记在心，然而，长大后我发现，有一些认识的人，见面时却连点头示好也不愿意。

我在觉得可悲之余，又想起小时候生活的地方。有的人，没有读过书，生活贫苦，可她们却也懂得最真实简单的道理，待人要礼貌，见面要打招呼。有时，你以为一个穿着邋遢，不够体面的人没有教养，却不知，对方会比你更懂得怎么做人。

人的教养，有的来自父母的教育，有的来自环境的影响。不管将来你富有或贫穷，功成名就，都不要忘了最基本的教养。尊重他人，不要看人下菜，更不要贫富有别。因为你的行为举止，代表的是你的修养。

感恩
是一种美德

Live a better
life in
imperfect life

在我们最困难的时候，如果有人愿意伸出援手，是一件非常难得的事情。我们要心怀感恩，珍惜这种恩情。

听一个女生说她的故事。她在念大学时，母亲突然得了食道癌，花光了家里所有积蓄，那时她才大二，有一天她父亲深夜给她打电话，哽咽着问她要不先休学一年。

她对着电话哭得稀里哗啦，同宿舍的人都很难过，本想凑钱让她继续念书，可毕竟都还是在校学生，最后凑到的都只是杯水车薪。

就在她去办休学手续时，碰到一个学长。这个学长她认识，平时为人很好，还是她的老乡。学长见她红着眼，便问她怎么了，她哭着把家里的事说了一遍，结果学长很霸气地把她拉了回来，跟她说：“你好好上吧，学费我给你出了。”

她很惊讶也很意外，不敢相信这是真的。后来，这个学长真的就给了她一张卡，每个月都给她往卡里打生活费。

就这样，她熬到了毕业。在她心里，除了以身相许以外，只要有任何方式可以报答学长她都愿意。但这个学长却还没等她有机会报答，就去了别的城市创业，后来据说做得很好，还拉到了融资。

几年之后，她自己也打拼出了一点小成绩。但她心里从来没有忘记过这个学长的恩情，每年过年的时候，都会给他打电话说新年快乐，还会寄礼物给他的父母。

去年，这个学长因为投资失败破产了，跌至人生低谷。很多朋友担心他找自己借钱，纷纷都躲着他。她听说后，二话不说拿出自己准备买房子的首付给他打了过去。

很多人不理解，劝她就算要帮，也要量力而为。她却只说，要说报答，这辈子她也还不完他的那份恩情。

有人以为感恩就是把钱还清，人情就了结。其实，感恩这事，哪是用钱可以解决的。

先生有一个女客户，是个很能干的女人。在一次饭局上，她提到自己的老公，说其实当初是为报答他的恩情才与他结婚。不过，现在却觉得自己是找对了人，因为她现在过得特别幸福。

她刚工作时，家里也是发生了一些意外。因为筹不到钱，甚至想到去卖血卖肾。她老公是她在工作中接触过的一个供应商，听说她的困难后，主动帮她解决问题，给了她家里一笔钱。

为此，不仅她父母十分感恩，她也一直找机会报答他。慢慢地，他们彼此产生了好感，最后选择结婚。结婚没多久，她老公的生意出现问题，至今赋闲在家，她却无怨无悔，心甘情愿担起养家的责任。

每当有人说她老公没有责任心，不像个男人，她都会站出来替他说话。因为她知道，他只是暂时的失败，他曾经是那么善良和有爱心的人，即使现在有些小挫折，也是暂时的。

爱情虽然不能用以报恩，但一个愿意帮助他人的人，又能差到哪里去。如今她与老公之间的爱，早已超越报恩之情。只是，最初若不是他对她有恩，或她不懂感恩，又怎么会成就这段好姻缘呢？

珍惜他人的恩情，是一种美德。我们听过东郭先生与狼的故事，也知道结草衔环的典故。事实证明，心怀感恩，不仅是传统之美，更是做人需要有的品质。

与一个懂得感恩的人做朋友，你也能学会感恩，成长为一个成熟、睿智的人。每个人的成长，其实是被大环境不断熏陶的过程。我们，要感谢那个让我们所遇到的人，同时，也要感谢那个曾帮助我们的人。在路上，有许多人与你相遇，有许多人与你擦肩而过，但他们的言行，都在对你产生影响。感恩是一种美德，也是一种品质，是引导我们积极向上，保持正能量的导师。

佛语有云，感恩是一种善行，我们要感恩一切，感恩善待我们的人。

很多人常说，世间有因果，知恩比施恩更重要。因为每一段因果，都会在适当的时候回报在你身上。

在我身边，不乏一些朋友，她们心怀感恩，也在回馈社会。

朋友如玉长年资助两个孤儿。现在，一个大学毕业，已经工作，一个十几岁在上中学，但已经是国家游泳队的队员。两个都非常优秀，他们在如玉的帮助下，没有失去正常的人生，甚至比普通人更加出色。

已经工作的男生，在如玉的引导下，每个月都会寄生活费给这个还在上学的女生。因为懂得感恩，善意才会得以延续。

我曾看到这样一句话："人生若是残酷，就要学会坚强；人生若是起伏，就要学会淡定。"用一颗坚韧的心看世界，你会看到世界最美好的一面，你若用一颗麻木的心看世界，你也许只会看到世界的阴暗面。

世界的美，全在你内心的期待。期待美好，它便美好，期待黑暗，它便不会光明。

成熟的人之所以成熟，是因为洞悉了世间的善恶报应，也懂得珍惜和体会。

心怀感恩，学会珍惜，人生既要活得精彩，又要能成为一个品质高尚的人。因为，一个连感恩都不懂的人，相信他的人生，也不会得到别人的尊重和敬仰吧。

试着改变，才有更多可能

Live a better life in imperfect life

“生活一旦定型，就很难做出改变，但若是不改变，生活就会越来越难。”

说这话的，是我很久未见的一个老朋友。上学时，我们关系很好，情同姐妹。然而毕业后各奔东西，再见已是五年之后。

用她的话来说，这五年，她一直在寻求改变。以前她是个木讷内向的人，所以她选择做销售，锻炼自己的胆量与口才。终于在不断的努力下，她做到了销售总监，年薪七位数。最近她打算结婚，蜜月旅行定在法国。

记得初识她时，她与我同样来自小地方，我们有着同样的对大城市的向往，也有着同样的畏惧。我们第一次去吃自助，我和她都小心翼翼，不敢多吃，又恨不得多吃点，显得窘迫极了。如今想来，大概是因为生长环境相似，以及见识太少的原因。

毕业时，父母要求她回家，她却执意留在大城市；二十八岁还未交到合适的男友，父母催她结婚，她却坚持宁缺毋滥。这一切不过是因为，她想改变，不走父母的老路，看看会不会有另一番人生。

我知道，这还跟她大学期间的一场失败的恋爱有关。

恋爱时，她完全成了一个没了主见的人。以前的她，谈不上优秀，但独立，也好学。恋爱后，她开始什么都问那个男生，今年要修什么课，社团活动要不要参加，兼职太远了要不要去，她完全成了男生的依附品。

男生一开始对她的小鸟依人还挺喜欢，后来有一次，对她发了火，说她能不能不要这么黏人，给他一点私人的时间。

朋友拉着我哭，说自己付出这么多，为何他不但不懂，还嫌她黏人，谈恋爱的人不都该是这样吗？

我事后才知道，她母亲对父亲就是这样的。

我想了想说：“也许他只是希望你改变一下，不要每天都围着他转吧。”

最后，他们还是以分手告终了。

朋友哭了很久，接受了现实，也开始尝试改变。她说：“也许我以前真的太木讷了，什么都不懂得变通，其实有很多是因为爸妈教的。他们说，做人要老实一点，见好就收，不要去做那些没谱的事情，就连我报考大学到外省，他们都反对了很久。”

朋友说着，像是在释放内心中很久的压抑。那些压在她身上让她老实本分别好高骛远的教诲，以及父母们的人生。他们在工厂里勤勤恳恳一辈子，拿着微薄的退休工资，没享受过好的生活，她母亲连买一件超过两百的衣服都会心疼半天。

但是，那些与他们曾经同事的人，有的选择了下海，有的自己开了店，现在很多日子都过得很好。只有他们家，日子过得紧巴巴，还自欺欺人地觉得，别人的日子现在是过得不错，但没他们稳定，万一有一天破了产，会连他们都不如。

她听多了父母一辈不思进取的借口，其实内心是不认同的。所以毕业后的她，打算靠自己的努力改变命运，绝不能再做一个唯唯诺诺的人，也不能再让自己的生活一成不变，只求安稳，不求品质。

这让我想起有一个亲戚，小时候经常到我家来，一来就拉着我母亲诉苦。

每次说的无非都是自己嫁错了人啊，数落对方的种种不是，并且还声称要跟他离婚，说自己就算出去打工赚钱，也比现在的日子过得好。

她说得绘声绘色，对未来充满了向往。她说自己打听好了，自己有个姐妹在哪儿上班，自己要去的话马上就能去，而且工资还很可观。趁着现在孩子小，出去赚一笔钱回来，说不定也可以给孩子更好的生活。

然而，她每次都说要离婚，要出去赚钱，却没有一次行动。最后，连主张安稳第一的母亲都烦了，说："你要真的这样想，就赶紧去做，不然到头来青春都浪费了，你还什么都没做。"

那个亲戚听母亲这样说，顿时生了气，后来好长一段时间也不来了。以前她一提离婚，她老公就会有些忌惮，害怕真的要离，那一段时间就会对她很好。可后来，见她只是打雷不下雨，就再也不相信她的，不管她是吵还是闹，喊着离婚还是要离家出走，都不再相信。

十几年过去了，她的日子没有任何改变，生活上也没有得到改善，而那个对她不好的男人，依然是对她呼来喝去。也许知道她不可能会轻易改变，所以离婚也威胁不了他，就越发变本加厉地欺负她。

过年走亲戚有时会碰到她，她还是原来那副模样，只是老了。除了语气还有点气势之外，没有任何的改变。现在想想，有些人过得不好，真的不能怪命运。你自己都没勇气改变，人生哪有更多可能。

想要做女王，首先就要有女王的气势。从平民到女王的过程，需要你不断改变，因为只有改变，才会有新的可能。一成不变的人生，总是一眼能看到尽头的。

改变，是需要你不断去挑战未知，迎接难关。只有迈出那一步，你才会知道自己真正需要的是什么，最适合什么样的生活。

当然，改变需要勇气，最好和最坏的打算都要考虑好，并且想好自己是否能承受，有的人是因为承担不了最坏的后果，所以不敢改变。不管如何，最重要的是直面自己内心的渴望。如果你特别满意现状，那自然没什么可改变的。如果你对现状其实心有不甘，满腹怨言，那何不勇敢迈出改变的第一步，毕竟，事情不会比现在更糟了，不是吗？

在生活和工作当中，我们说改变，很多时候是说灵活变通，抛掉墨守成规。此路不通，必有另一条捷径。

改变，还需要深思熟虑后的行动力。

这就好比有人想开家花店，但又不去找店面，几年过去了，开花店还只是空口谈天；也有人对目前的工作不满意，抱怨并且又不愿意付出努力在这上面，整天说自己想跳槽换行业，结果几年后依然在那个岗位上得过且过，而且由于没有努力，工作也不上心，根本得不到领导的赏识。

所以，在有想法的时候，就立马去做，去实行，这才是改变的意义。

你若不变，就只能承受眼前的苟且，看不见远方的山与水，更不知世界的精彩与辉煌。

努力活成自己喜欢的样子

Live a better life in imperfect life

很早以前，我就想开一家咖啡店，把它装修成自己喜欢的样子，里面放自己喜欢的音乐。我可以坐在椅子上，看一本自己喜欢的书，或写写东西。

我希望自己有一天可以做个温婉恬静，懂得享受生活的女人。

然而，如今离这个目标，还差很远。

最近去了一趟西安，见了一个老朋友。我们认识的时候，彼此还是高中生。此时，她已工作，我已成家，都有了自己的模样。

我们坐在城墙脚下，晒着阳光，喝着茶，聊这些年各自的变化。她的变化，其实并不大，因为，她一直都在努力活成自己喜欢的样子。

她叫苗，有着与生俱来的长安城古典女子的长相，个性温和，声音细细，说话做事都不焦不躁。

我问她过得好吗？她笑容温暖地答道："除了没有找到合适的人，其他一切在朝预期方向发展。"

苗是个对爱情很执着的姑娘，她说只有遇到真爱，人生才会圆满。所以，大学期间她也谈过几段恋爱，有异地，也有同城的，但，最终都因为不合适无疾而终。

大学除了恋爱，她还做公益，参加社团，玩音乐，又写文字。工作后，她每年参加马拉松比赛，在公司里是优秀员工，每年坚持读一百本书，写影评和书评，还有写日记的习惯。她朋友很多，来自各行各业，其中不乏至交。她朋友圈里呈现的生活多彩多姿，参加音乐节，与酒吧摇滚歌手的合影，一首歌的感悟，或一部电影的观后感。

对生活，她从来没有荒废过；对自己，她从来没有懈怠过。

所以，她可以是踩着高跟鞋的职场女性，又可以是穿着运动服挥洒汗水的健身美女，也可以是穿着民族服饰的手工银匠。

二十七岁的苗，每天的生活都很丰富，当年也是这样。她是我朋友当中，唯一活成了自己喜欢的样子的姑娘。

做自己喜欢的事，过自己想要的生活，无论家人、朋友、工作，都照顾周全，不忽略任何。她做到了，而我们，很多人没做到。

最后我说："现在你虽然是单身，但过着自己喜欢的生活，想必也不会觉得孤单和无聊吧。"

她反问我："你自己呢？难道没有过自己喜欢的生活吗？"

我摇着头，不知如何作答。

这些年我其实有过不少朋友，大多在换了一份工作，或者换了一个城市后失去联系。朋友圈里，经常见到她们晒出的生活，有的结婚生子，有的依旧美丽单身。她们当中，有人努力地活出了自己想要的样子，也有很多，大概早已忘了自己的初衷。我属于哪一种？

我想了想说："也许明年开始，我会努力活成自己喜欢的样子。"

记得之前在长沙认识的一个女生，虽交往不长，但很为她的气质和魅力所折服。她虽长相普通，却自信大方，衣品出众。那时，她刚毕业，却早已对自己有了明确的规划和目标，去香港工作，嫁个外国人，因为她想要个混血宝宝。

她生在烟花之城浏阳，家中三个姐妹，她是最小的。大姐嫁的老外，生了个可爱的混血儿子。

她跟我说了很多自己的趣事，那些都是我当时不敢尝试，也未曾尝试过的。

她家境优越，但坚持自食其力，大学时期经常跑兼职。有一次兼职帮人招生，跑了很多学校，一个暑假赚了一两万，顺便还找了一个男朋友。还有一次，她大姐开服装店囤下一批货，她趁暑假期间就在楼下摆摊，城管过来赶，她不跑也不躲，笑着说："你家缺不缺衣服，哪件喜欢的你都拿走吧，反正我也卖不出去。"

城管被她一句话搞得啼笑皆非，放了她一马。衣服被她折价卖，很多连成本都没卖回来，可她心里却乐滋滋的，因为那种摆摊的感觉，十分有意思。

这个女生后来要去深圳，离开长沙时，我和她另一个同事去送她。她和我们说再见的时候，笑得特别灿烂。我想，若不是因为那是她喜欢和向往的生活，也不会有那般由衷的开心吧。

如今，她如愿以偿嫁给了一个外国人，准备生个她心心念念的混血宝宝。

其实很多人都有自己想要的生活，有人希望自己更加美丽大方，有人希望自己可以在工作上得心应手，也有人单纯地希望自己无忧无虑……不管哪一种，想要活成自己喜欢的样子，都需要坚持的信念。

也许你曾努力过一阵子，遇到挫折就放弃了。比如一个想要减肥的人，坚持了一个月发现成效甚微，于是便放弃了。殊不知，再坚持几天，效果就会完全不同。但是因为没有等到那天就放弃了，就以为自己做不到。这样的你，如何变成自己喜欢的样子。

看到一个作者说，想要活成自己喜欢的样子，首先得舍得投资自己。对此，我很认同。投资自己，是一笔划算的买卖。因为只有投资自己，才不会亏本，也不会担心付出的打了水漂。投资自己，多年后你也许已经在过着自己喜欢的生活，甚至比你想象的要更好，回报超出你的预想。

其实，当你活成自己喜欢的样子时，也会有更多人喜欢你。生活不一定只有踩着高跟鞋在写字楼格子间里徘徊，也可以穿着人字拖满世界旅行，还可以穿着跑鞋开启一场马拉松的自我挑战。

生活是丰富的，你不一定只适合一种生活，所以才要不断尝试，不断改变。也许在未来，你会找到属于自己最舒服的姿态。不管是晚礼服还是跑鞋，只要是你想要的，你喜欢的，才会是最好的。

每个人对生活的理解有所不同，但，对理想生活的夙愿总是相同的。

你喜欢独立自由，那就努力赚钱去看世界；你喜欢两个人的浪漫，那就努力经营婚姻和人生。

人生很短，一辈子，不过是转瞬即逝。有人因为这样，放弃了对生活的热忱。实际上，正是因为你放弃了，所以才无法去体会别人经历过的精彩。对每个人来说，生命的长度是差不多的，但广度和深度，却各有区别。

希望在未来，你可以为自己而活，听从内心的声音，努力去活成自己喜欢的样子，如此，才能不辜负到这美丽的世间游走一趟。